防災に役立つ

地域の調べ方講座

牛山 素行 著

古今書院

Basic methods of regional investigation for disaster prevention

Motoyuki Ushiyama

Kokon Shoin, Publishers, Co., Ltd. Tokyo

まえがき

地域での防災を考えるうえで，すべてのスタートラインとなる取り組みは，防災訓練や防災グッズをそろえることではなく，「地域の自然･社会特性を知ること」だと筆者は考える(第1章参照)．また，実際に災害が起こってしまった後のさまざまな調査においても，被災地の「地域の自然・社会特性を知ること」が重要であることはいうまでもない．本書は，災害・防災という立場から地域を知るための方法を解説するものである．読者の専門分野はあまり限定せず，防災のための地域調査や，災害調査に携わるほぼすべての人が対象と考えている．

本書は「演習書」となることも目指している．さまざまな調査法に関するテキストがあるが，調査結果の実例が断片的にしか掲載されていないことが多いことに以前から不満を感じていた．そこで，本書では解説しているほぼすべての事項に関し，その事項を報告書等にとりまとめることを想定した「演習」とその「作例」，補足説明としての「解説」を掲載した．

地域調査は，それ自体が研究の主目的となる場合もあり得るもので，深めようと思えばいくらでも深められる．しかし，本書で目指すのは，あくまでも防災のための地域調査や，発災後の災害調査の導入部で，対象地域の概要を簡潔に把握するための調査であり，そのための必要最小限の内容を紹介しようと考えている．読者によっては，物足りなく感じることがあると思うが，それぞれの専門分野や調査の目的に応じて，他の情報源を参照して深めていただければと考えている．

現代の日本は，災害あるいは防災に関するさまざまな情報の整備が著しく進んでいる．防災に関する地域での取り組みにおいてもこれらの情報を最大限に活用し，単なる思いつきに過ぎない「気づき」からは卒業することを目指すべきではないか．災害による被害軽減を図るうえで，本書が役立つことを祈念している．

2012 年 7 月　　著者

本書の内容について

- 本書の内容は，文中で特記している以外は 2012 年 4 月現在の情報にもとづいて記述されている．ただし，文中の【作例】は，2007 年末時点で得られた資料をもとに作成してある．
- インターネット上の URL はしばしば変化することから，その紹介は最小限にとどめた．紹介しているページタイトル等を参考に検索して欲しい．
- 本書収録の記事は，2009 年に雑誌「地理」（古今書院）に連載した原稿を元に加筆，修正したものである．

目　次

1

基礎知識

この章で 身につくテクニック

- □「防災」の定義がわかる
- □ 地域防災に必要な知識がわかる
- □ 基本的な参考資料がわかる

1.1　重要なキーワード

まず，本書を通じて災害，防災を考えるうえで最も基本的なキーワードを，簡単に解説しておきたい．

Hazard と Disaster

Hazard（ハザード）は地震，豪雨など，被害（災害）をもたらす原因となる現象（あるいはその現象による破壊力）であり，Disaster（ディザスター）はHazardによって人間社会が受ける被害（災害）のことである．日本語の「災害」はどちらかといえば Disaster に対応するが，Hazard を表す語として使われることもある．したがって，Hazard を理解すること（たとえば地震のメカニズムを知ること）は，災害について知るための重要な基礎知識であることは間違いないが，それだけで災害の全体像を知ることにはならない．Hazard を表す日本語であまり一般的な言葉がないが，あえて言うならば「外力（がいりょく）」が当たる．

素因と誘因

「素因（そいん）」とは，それぞれの土地が持っている性質である．地形，地質，気候などの自然素因と，人口などの社会素因がある．「誘因（ゆういん）」とは，地震，

図 **1-1**　素因と誘因

写真 1-1　2003 年 5 月 26 日宮城県沖の地震によって発生した地すべり
宮城県栗原郡築館町（現・栗原市）. 2003 年 5 月 27 日筆者撮影. 谷を埋めて造成した畑地（現在は耕作放棄）が地すべりを起こした. 盛土という「素因」に地震という「誘因」が作用し, 地すべりによる家屋や道路の損壊という「災害」が発生したことになる. ただし同様な地形は周囲にも複数存在し, 素因のあるところで必ず災害が発生するわけではない.

豪雨, 津波など, 被害（災害）を発生させる直接的な引き金のことで, Hazard とほぼ同じである. 素因だけ, あるいは誘因だけが存在しても災害は起こらない. 素因と誘因の組み合わせによって, さまざまな形態, 規模の災害がもたらされることになる. 誘因を災害発生前に知ること(たとえば豪雨発生を正確に予測すること）はかなり難しい. しかし, 素因を知ることは, 現代の整備された各種の情報を駆使すれば, 誘因の直前予測と比べればまだ可能性がある. 災害に関する地域調査の大きな目的は, 対象地域の災害に関わる「素因」を知ることである.

防 災

外力（hazard）が人間社会に作用することによって災害（disaster）となる.「防災」とは災害を防ぐことなので, 外力が人間社会に作用することを何らかの方法で軽減することが「防災」となると考えられる．近年は「減災」という言葉もよく使われるが，ここでの定義上はほぼ同様な意味であるので，本書では防災という言葉で統一する．もっとも，外力そのものを制御すること，たとえば地震を起こさなくするとか，台風を消滅させるといったことはきわめて困難だ．しかし，外力を受ける人間社会に対策を施し，その影響を制御することは可能である．

対策の施し方には大別すると，

(1) 人間社会に対する外力作用過程への対策
(2) 外力が作用した人間社会への対策

の 2 種類がある．(1) の対策は，たとえば洪水防御のために堤防を構築する，災害発生の危険を知らせて人々を避難させる，といったものである．(2) は，破壊された構造物を修復する，遭難した人々を救助するといった内容である．

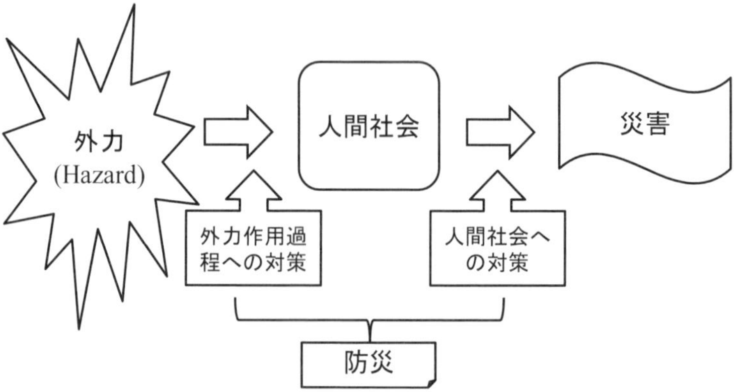

図 **1-2**　災害と防災

1.2　災害に関わる地域調査の基礎資料

災害に関する地域調査を行い，それを報告書などにとりまとめるうえでは，いくつかの地誌（ちし）（地史，郷土史など）が参考になる．ここで「参考になる」とは，①調査対象地域について記述された地誌の内容そのものが参考になる，②地誌をみることを通じて，「地域について調べた結果を整理・記述する方法」を学び取るうえでも参考になる，という2つの意味である．「防災のための地域調査」の作業は，見方によっては「簡単な地誌の作成作業」である．地誌そのものは世の中に多数存在するが，「簡単な地誌の作り方」的なテキストは意外に少ない．「簡単な地誌の作成法」を知るためには，いくつかの地誌を参照し，そのスタイルを参考にするのが，特に「地誌初心者」にとっては早道かもしれない．

図書館などで入手しやすく，かつ典型的な地誌としては，大明堂刊の「日本地誌」（藤岡ら，1993）がある．全国1冊でコンパクトにまとまっているので，地域概略の記述法を知るには好適だろう．古今書院刊による「日本の地誌」（立正大学地理学教室，2007）も同様な地誌で，こちらは「日本地誌」に比べ地域ごとの記述様式がやや多様になっている．

二宮書店からは同名の「日本地誌」シリーズが刊行されており，これはおおむね3，4県で1冊となっている．同シリーズでは，県ごとの記述様式がほぼ統一されており，章立てでみるとまず「××県総説」として，

Ⅰ　地理的性格

Ⅱ　歴史的背景

III　自 然
IV　人 文
V　地域区分

と記述され，そのあとに当該県内の地域史が続く．空間的に大きな範囲から小さな範囲へという言及の進め方，地形などを「概説」するための専門的な言い回し，さまざまな主題図など，地域について概説する方法の実例を豊富にみることができる．

地誌に慣れていない人は，この「日本地誌」で自分の最も親しみ深い地域を読むとよい．よく知っている地域が，専門的立場から「概説」されるとどのようになるのか理解できるだろう．残念ながら同シリーズは刊行からだいぶ時間が経過しており，特に社会的な事象に関しては他の資料も合わせて参照する必要があるが，全般的な内容は充実しており，現在でも地域調査にあたっての重要な資料である．なお，最近になって朝倉書店から「日本の地誌」シリーズが刊行されつつあり，これも参考になるだろう．また，角川書店からは，「角川日本地名大辞典」というシリーズが刊行されている．各県 1 冊になっており，市町村より小さな範囲の地域についてもかなり詳しい記述がある．集落単位の調査を行う際には必見の資料である．このほか，各県，市町村ごとに「××市史」などの地誌が刊行されていることが多く，これらも収集すべき資料である．また，都道府県や市町村が作成している地域防災計画には，ほとんどの場合当該市町村の災害史や災害年表が収録されており，災害に関する地域調査では欠かせない資料である．

いわゆる地誌とは多少趣が異なるが，朝倉書店から刊行されている「日本図誌体系」シリーズも参考になる．これは，同一地域の明治・昭和初期・昭和後期の地形図を並べて表記し，簡単な解説を加えたものである．山間部まではフォローしていないが，主な集落のある地域は全国おおむね掲載されている. 同様な方向性の刊行物として，古今書院の「地図で読む百年」シリーズがある．こちらは，掲載地域がかなり限られるが，本文の記述が充実しており，地誌的な要素も強い.

地域の概略に関する地誌の記述例として，「日本の地誌」の一部を挙げる. ここでは, 対象地の日本列島中の位置関係 → 主要な山脈，平野，河川などの列挙 → 気候の特色 → 簡単な歴史，という順序で記述が進められている.

【作 例】

第 **15** 章　北東北地方

第 **1** 節　北東北の諸地域

1. 地勢と沿革

青森県，秋田県，岩手県の 3 県からなる北東北は本州最北に位置し，周囲三方を太平洋，津軽海峡，日本海に囲まれる．中央を奥羽山脈，東に北上山地，西に出羽山地が連なり，その周囲には青森県東部の三本木原，西部の津軽，秋田などの平野が広がり，山間には横手盆地や北上盆地が位置するものの，平野部は狭小である．平野部を流れる河川は南流する北上川を除くと，雄物川，岩木川，馬淵川など北流する河川が多い．奥羽山に沿って八甲田山，十和田湖，八幡平，岩手山，田沢湖，栗駒山などが複雑で独特の火山景観をみせている．

気候は太平洋側と日本海側とでは好対照である．年平均気温は宮古市で 10.5 度，秋田市で 11.4 度と，やや日本海側が高い．年間降水量は宮古市が 1,306.4mm，秋田市が 1,713.2mm で日本海側で多く，とくに 12 月から 2 月にかけての冬季 3 カ月間に秋田市では宮古市の 2 倍を超える 370mm の降水量がある．この時期の日本海側の曇天・降雪に対し，太平洋側では晴天が続く．

北東北に朝廷の勢力が及んだのは 8 世紀前後とされ，日本海側では 708 年に出羽の柵が設置され，733 年にはこれを現在の秋田市付近に移し秋田城とした．太平洋側では 802 年に胆沢城が現在の奥州市付近に置かれ，翌年には現在の盛岡市付近に志波城が築かれている．その後藩政時代には，青森県西部が津軽藩，同県東部から岩手県中央部にかけてが南部藩，岩手県南部は伊達藩の所領となり，秋田県は一部を除き，大半が佐竹藩に属した

資料 1　地誌の記述例

立正大学地理学教室編（2007）『日本の地誌』古今書院，225 ページから引用（松井秀郎執筆）から引用．

1.3　災害そのものに関する基礎知識

言うまでもなく，災害・防災について考えるためには，災害を引き起こす自然現象（外力・Hazard）や，災害に関わる諸制度などに関する基礎知識が必要である．これについては関連図書も多いので，ここでは詳しい内容には触れず，参考となりそうな図書を紹介するにとどめておく．

自然災害全般に関する基礎的教科書としては，町田・小島（1986），小島（1993），大矢ら（1996），水谷（2002）などが参考になる．災害全般の調査法に関しては，水谷（1993）がほぼ唯一かつ秀逸である．用語集，ハンドブック的なものとしては，京都大学防災研究所（2001），日本自然災害学会（2002），NHK 放送文化研究所（2005）などがある．災害をもたらす地震，豪雨などの自然現象のほとんどは地球科学の対象であり，それらのメカニズムの基礎的理解のためには，高校地学の参考書も役に立つ（大塚ら；2003，杵島ら；2006 など）．さらに基礎を押さえる意味では，大人向けの中学理科の本（検定外中学校理科教科書をつくる会，2004）などもおもしろい．インターネット上の教材としては，総務省消防庁が整備している「防災・危機管理 e カレッジ」が充実している（http://www.e-college.fdma.go.jp/）．また，拙著「豪雨の災害情報学」（牛山，2008：増補版，2012）の第 1 章も参考になるだろう．

参考文献

藤岡謙二郎ほか著：日本地誌　第 2 改訂増補版，大明堂，1993.

検定外中学校理科教科書をつくる会：新しい科学の教科書　現代人のための中学理科　第 2 分野　生物・地学編，文一総合出版，2004.

杵島正洋・松本直記・左巻健男編著：新しい高校地学の教科書，講談社，2006.
小島圭二：自然災害を読む，岩波書店，1993.
京都大学防災研究所編：防災学ハンドブック，朝倉書店，2001.
町田洋・小島圭二編：自然の猛威，岩波書店，1986.
水谷武司：自然災害調査の基礎，古今書院，1993.
水谷武司：自然災害と防災の科学，東京大学出版会，2002.
NHK 放送文化研究所編：NHK 気象・災害ハンドブック，日本放送出版協会，2005.
日本自然災害学会：防災事典，築地書館，2002.
日本リスク研究学会編：リスク学事典，TBS ブリタニカ, 2000.
大塚韶三・青木寿史・萩島智子：新ひとりで学べる地学 I，清水書院，2003.
大矢雅彦・木下武雄・若松加寿江・羽鳥徳太郎・石井弓夫：自然災害を知る・防ぐ，古今書院，1996.
立正大学地理学教室編：日本の地誌，古今書院，2007.
牛山素行：豪雨の災害情報学　増補版，古今書院，2012（初版は 2008）.

2

対象地域の 地理・歴史・人口 を調べる

この章で 身につくテクニック

- □ 正確で見やすい「略図」を描く
- □ 地域の「歴史」を簡潔に書く
- □ 地域の「人口」の特徴を説明する

では，実際に対象地域に関する調査作業を始めよう．最初に着手するのは，対象地域に関するさまざまな資料，文献を集め，これらを整理することである．本章から 4 章まではこういった基礎的な文献調査に関する説明を行う．

2.1　位置

まず，その調査や企画の対象とする「対象地域」の大まかな位置を把握する．ここで行う情報整理では市町村を最小単位とする．これは，各種の情報整備が市町村単位で行われており，情報収集が容易なためである．対象地域が市町村より小さい範囲の場合でも，まず対象地域の属する市町村全体について述べたうえで，対象地域について述べるという順序で記述する．これは，少し広い視点からみた地域特性をつかむためである．

市町村に関する基礎的な情報はさまざまな情報源があるが，基本的には，公的機関によって整備されている情報，あるいは情報を整備した機関自身が刊行・公開している情報（一次資料）を使うことが原則である．この種の情報として入手が容易，かつ汎用性が高い資料としては，総務省統計局による「統計でみる市区町村のすがた」が挙げられる．

統計でみる市区町村のすがた
http://www.stat.go.jp/data/ssds/5b.htm

上記のページに，当年版が公開されている．印刷媒体がもとになっており，これはほとんどの図書館に収録されている．上記のページではExcelファイルでデータが入手できるので，手元に保存しておく．新しい版が公開されると古い版は消されてしまうので，必ず，解析に使用したデータを保存しておかなければならない．また，同様なデータでも集計方法によって意味が異なる場合も少なくないので，データの出典や解説が掲載された「基礎データの解説」（PDF）も保存しておく必要がある．

市町村のホームページも「一次資料」的な情報源である．ただ，市町村ホームページは，収録されている情報の種類，整備時期などがばらばらであり，他の資料との比較が面倒になる場合が少なくない．まずは「統計でみる市区町村のすがた」のような，全国規模で整備された情報を使用し，市町村ホームページ等の関連資料も合わせて参照するのが効果的である．

地域の概要を把握するような場面では，Wikipediaも有力な情報源であり，一概に否定する必要はない．Wikipediaに限らず，百科辞典的な資料は，その内容を丸ごと報告書にコピーするような使い方は適当ではない．しかし，調査の導入部での情報源として使うのであれば有益であり，ここであらましの知識や重要なキーワードを把握し，そのうえで，数値データや諸制度，事実関係などについて，一次資料に近い文献を探すという使い方が，専門的な調査研究におけるアプローチと言える．また，同一の事項について，全く著作者の異なる複数の資料を確認することも重要である．

報告書等に書く際に，対象地域の「大まかな位置」として挙げるべき情報としては以下のようなものがある．

・所属する都道府県名
・所属都道府県内の位置関係（北部，北西部など）

・海や大きな湖に接している場合はその名称と，対象市町村との位置関係
・主な川，山などの名称と位置関係.「主な」とは，中学・高校の地図帳にも掲載されている程度の川や山が目安
・対象市町村の面積.「〇×県内で＊番目に大きい」など，何らかの比較対象を設定して記述する方法もある
・対象市町村の位置を日本地図中に示した図と，対象市町村の略図

また,「対象地域」が市町村より小さい場合は，市町村の位置を挙げたうえで，対象地域がその市町村内のどのあたりに位置するのか述べる．なお，市町村より小さな行政単位は，歴史的経緯などもあり，地域によりさまざまな形態がある．現地で「××地区」などと呼ばれている地名が，国土地理院の地形図には記載されていない地名であったり，地形図に表記されている範囲と，現地で認識されている範囲が異なったりすることは珍しくない．ゼンリンの住宅地図には地形図より詳細に地名が収録されていることが多いが，地元で呼称されている地名とその範囲が表記と異なっていることもある．現地で呼ばれている地区名が，住宅地図上ではどの範囲を指すのかについて，調査対象者・協力者から十分聞き取っておきたい．

本書の対象としている調査は地名の調査ではないので,「〇×の地図は間違っている」,「これが正しい」といった議論への深入りは不要で,「調査対象のコミュニティーでは慣習的にどのような地名がどの範囲を指すものとして使われているか」を把握することが重要である．

◆本書の演習で取り上げる陸前高田市について

以下，本書では，演習と作例を挙げるが，作例で用いている地域は岩手県陸前高田(りくぜんたかた)市である．陸前高田市は 2011 年 3 月 11 日に発生した平成 23 年東北地方太平洋沖地震に起因する大規模な津波に見舞われ，市街地のほとんどが流失し，死者・行方不明者 1852 人（2012 年 1 月 13 日現在消防庁資料，2005 年国勢調査による市内全人口に対する比率 7.5%）などの巨大な被害を受けた．

作例で挙げているのは，この災害に見舞われる前の，2007 年末時点の各種資料を用いて作成した同市の姿である．壊滅的な被害を受け，すでに存在しなくなった街の姿を本書のようなテキストの題材として取り上げることについては，筆者自身迷うところがあった．しかし，同市は以前から筆者がいろいろな形で学ばせていただいた地域であり，こうして取り上げることは，むしろ失われた街の姿を後世に記録するという意義もあるのではないかと考え，あえて掲載すると判断したものである．

【演習】

岩手県陸前高田市気仙町地区を対象地域とし，「対象地域とその位置」をまとめなさい．

【作例】

対象地域とその位置

本調査の対象地域は，岩手県陸前高田（りくぜんたかた）市気仙町（けせんちょう）地区である．陸前高田市は，岩手県南部に位置し，宮城県気仙沼市と境界を接している．市域の南部で太平洋に面するが，外洋には直接面しておらず，西側を唐桑半島，東側を広田半島に囲まれた広田湾が形成され，湾奥には岩手県では珍しい長い砂浜海岸を持つ高田松原海岸がある．面積は232.2km^{2}である（三省堂編修所，2003）．

気仙町地区は，同市内南部に位置する．北部は気仙川を挟んで中心部である高田町地区と接しており，南部は東側で広田湾に接している．

参考文献

三省堂編修所：コンサイス日本地名事典　第4版，三省堂，2003.

【解説】

このあたりは冗長に書けばいくらでも長くなるが，あくまでも「防災のための地域調査」，あるいは「災害調査報告」のごく一部であるという作成目的に十分留意し，極力簡潔に書く．この事例地の場合，最も大きな被害が想定されているのは津波災害なので，海や水域の位置関係を明確に述べることが必要と思われる．また，津波災害に関する懸念事項として「海水浴客の存在」があるので，海水浴場があることも言及しておいた．

なおこの作例および以下の作例で用いている資料は，いずれも2007年末の時点で得られた資料を用いている．

2.2　自分で略図を作る

対象地区の位置について言及する際には，その地区の「略図」をつけると効果的である．Web上の地図を切り取って貼り付けている資料をよく見かけるが，不鮮明，モノクロ印刷では見苦しいなど，報告書等の図としてはあまり感心できない．また，著作権の問題も気になる．そこで，できれば自分で略図を作成しておいた方が便利である．

ここで紹介するのは，PowerPointなどのプレゼンテーションファイルを用い，何らかの地図を下絵にして，必要な情報のみをトレースして略図を作る方法である．筆者と同世代以上の読者だと，かつて地形図の上にトレーシングペーパーを置いて論文用の略図を作成した経験をお持ちの方もいるのではないだろうか．あの作業をパソコン上で行うものである．上野・高橋（2007）には，ドローソフトを使う前提で同様な手法が紹介されている．無論，Illustrator等のドローソフトを使った方が何かと便利なことは多い．しかし，特に共用パソコンではドローソフトがインストールされておらず，自由にソフトをインストールできない場合も多い．このようなパソコンでも，何らかのプレゼンソフトがインストールされている環境が大多数と思われることから，本書ではプレゼンソフトの利用を紹介している．なおここで紹介するのは，Windows XP 上で，PowerPoint2007 を使った作業方法を例としているが，このソフトに特に依存した操作は行っていない．プレゼンソフトならば基本的な作業方法は変わらないので，細部はそれぞれの利用環境に合わせてお調べいただきたい．

まず，下絵となる地図画像を入手する．国土地理院の地図閲覧サービス，GoogleMap や，カシミール 3D（フリーの簡易 GIS ソフ

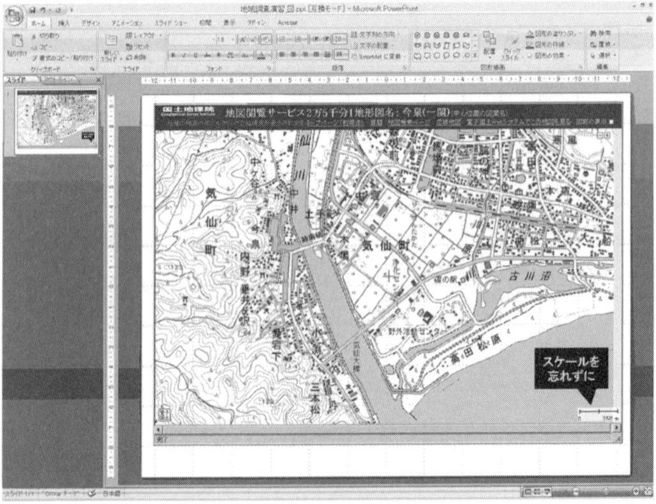

図 **2-1**　下絵を貼り付けた状態

ト）などで必要な地域の地図を表示する．この際，必ず縮尺（距離を示すスケール）が画像内に表示されている必要がある．Alt + PrintScreen キーを押すと，クリップボードに，表示しているブラウザのウィンドウが画像として読み込まれる．ここで PowerPoint 上に移動し, 白紙のスライドを用意して, スライドの上にクリップボードの画像を貼り付ける（Ctrl + V または，ホーム → 貼り付け）．画像が大きすぎてスライドからはみ出る場合があるので，その場合はスライド内に収まるように調整する（図 2-1）．

次に，トレース作業を始める（図 2-2）．ここでは　ホーム → 図形 描画（びょうが） → 曲線　を基本的に使う．なお，直線で構成される線を書く場合は,「フリーフォーム」の方が便利である．左クリックで描画開始点および頂点の指定，ダブルクリックで描画終了点の指定となる．曲線を描けるようにしたら, 河川, 道路, 等高線などをトレースする．はじめは大まかでよい．PowerPoint では，線と線を合成する機能が弱いので，同一画面上になるべく広い範囲を表示し，1 本

図 **2-2**　拡大表示し「頂点の編集」を始めるところ

にしておくべき線（同一の川，同一の国道など）は途中で中断せず一気に書く方がよい．大まかに線を書き終わったら，細部の修正を行う．拡大表示し，修正する線を選択する（マウスを重ねて左クリック）．選択した状態で，右クリックするとプロパティが開くので「頂点の編集」を選択すると，頂点が■で表示される．■にマウスを置いて左クリックしたままで動かすと頂点の位置を移動することができるので，下絵にあわせて調整する．なお，線の任意の場所にマウスを置いて左クリックしたままで動かすと，新たな頂点が作成される．

線の位置を調整したら，線を選択して右クリック → 図形の書式設定から，線の色，種類，太さなどを調整する（調整方法は他にもいろいろある）．PowerPoint の場合，あまり線の種類を増やすことができない．また，線の種類が増えすぎると，みにくくなることもある．種類，太さの違いを組み合わせて，多くても 5 種類以内くらいにした方がよい．色分けは原則としてしない（印刷で使えないことが多いため）．線のほか，図形描画 → 長方形，図形描画 → 円，テキストボックスなども使う．略図は，必要な情報のみを示すことが目的なので，あまり多く書きすぎないことに留意する．海岸線，主な河川（論文中で名前が出るもののみとするなど），鉄道，国道くらいで十分である．等高線は特に地形の表示が必要な場合に限り，必要最小限の間隔で書く．

ここでスケールを描画しておく．下絵のスケールに合わせて，線の色を黒，塗りつぶしを白とした長方形を一つ描く．これをコピーして元の長方形の右または左に配置し，塗りつぶしを黒にすると，スケール風の絵ができる．数値は別途テキストボックスを作って書き込む（図 2-3）．

線や文字を書き終わったら，そのスライド全体をコピーし，貼り

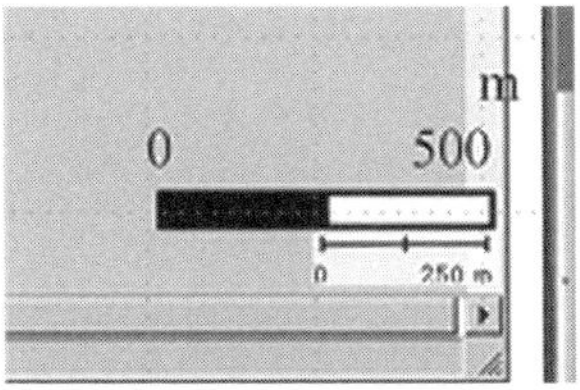

図 **2-3**　スケールの描画

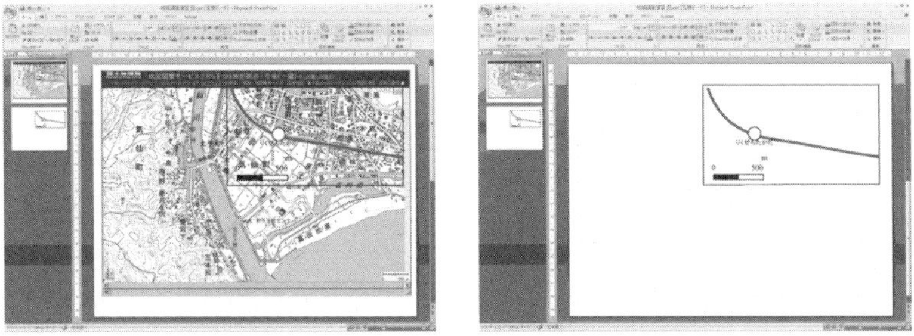

図 **2-4**　下図を削除すると略図が残る

付ける（同じスライドを 2 枚作る）．その上で，新たに作った 2 枚目のスライドの地図画像を削除する．すると，略図のみが残る．2 枚目をわざわざ作って作業しているのは，後で略図を修正したくなったときに備えてのことである．あとは，これを Word 上に張るなどして利用する．PowerPoint ではレイヤ管理が不便だが，図形を選択して，右クリック → 最前面へ移動 → 前面へ移動，または，右クリック → 最背面へ移動 → 背面へ移動，で図形間の上下関係を変更することができる．たとえば，図 2-4 の円の上に線が描かれてしまっている場合は円を選択して，右クリック → 最前面へ移動 → 前面へ移動，とすればよい（場合によってはこの作業を繰り返す）．複数の図形をグループ化（対象の図形を選択 → 右クリック → グループ化）しておけばさらに便利である．

【演習】

岩手県陸前高田市気仙町地区の略図を作成しなさい.

【作例】

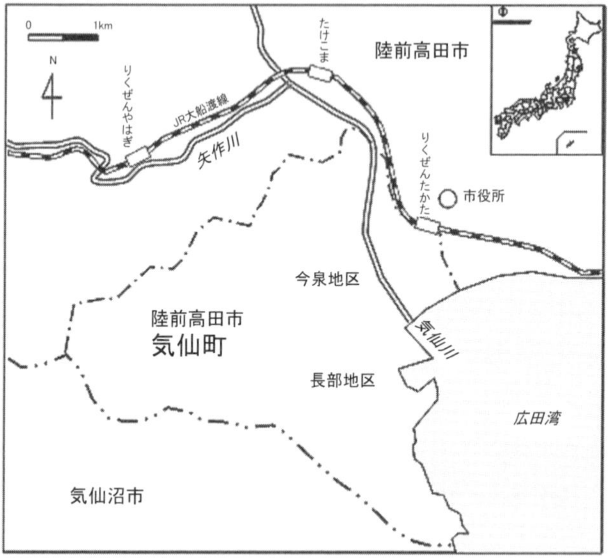

図 1　気仙町地区の略図

【解説】

この略図の下絵は，カシミール 3D 上に表示した 1:50000 地形図を用いた．海岸線，主な河川，鉄道，行政界を記入している．気仙町地区を示す行政界は現行の地形図には表示されていないので，合併前の気仙町が存在した時期の 1:50000 地形図をもとに記入した．JR 線の記号は PowerPoint の線にはないので，チーム A（2005）を参考にして以下のような操作で作成している.

① JR 線を曲線やフリーフォームでトレースする．この線を線（A）とする.
② 線（A）を選択し, 線の色を黒に, 線の幅を太く（5pt くらい）する.
③ 線（A）をコピーし, 線（A）の脇に貼り付ける．これを線（B）とする.
④ 線（B）を選択し，破線にする．また，線の色を白に，線の幅を細く（3pt くらい）する.
⑤ 線（B）が線（A）の上に重なるように移動する.

2.3　地域の略史

対象地域の歴史について，ごく簡単に記述する．おおむね，現行市町村の一代前の市町村の形成以降，あるいは昭和初期以降くらいを対象に，市町村の合併過程を中心に記述する．この節の参考資料としては,「角川日本地名大辞典」（角川書店),「コンサイス日本地名事典」（三省堂）などが役立つ．また, 平成の合併に関する情報は, 各市町村のホームページも参照して確認する.

「対象地域」が市町村より小さい場合は，対象地域が旧市町村ではどこに属するのか，対象地域と現在の中心集落との位置関係などを簡単に述べておく.

「歴史」については，どの地域でも比較的豊富に資料が存在し,深めようと思えばいくらでも深められる．しかし，繰り返すようだが，あくまでも災害に関する調査が主目的であり，何らかの歴史的事象が，この地域の災害に直接的に作用しているような場合は別として，極力簡潔な記述を心がける．

【演習】

岩手県陸前高田市気仙町地区を対象地域とし，「対象地域の略史」をまとめなさい．

【作例】

対象地域の略史

陸前高田市は，1955 年 1 月 1 日，高田町，気仙町，広田町，小友村，米崎村，矢作村，竹駒村，横田村の 3 町 5 村が合併して市制施行された（三省堂編修所，2003）．市制施行以降，編入等は行われておらず，いわゆる平成の合併にあたる合併も 2007 年末現在具体的な予定はない．

気仙町地区は，陸前高田市成立以前の気仙町に当たる．地元では，気仙町北部が「今泉」（いまいずみ），南部が「長部」（おさべ）と，2 地区に大別されているが，これは，旧気仙町が明治 8 年に，今泉村と長部村が合併して気仙村となったことの名残かと思われる．

参考文献

三省堂編修所：コンサイス日本地名事典　第 4 版，三省堂，2003.

【解説】

現行自治体の成立過程，地区名称に残る明治以前の村の存在などに限定して記述した．この作例では「位置」と「略史」を独立の段落にしているが，関連する事項であり，内容が少ない場合はまとめて記述してもよいだろう．

2.4　人口

対象地域の代表的な社会条件として，人口に関する情報を挙げる．ここで挙げるべき最低限の情報としては下記がある．

・人口総数，世帯数，性別人口
・年代別人口（15 歳や 65 歳で区切った 3 階級など）

いずれも，所属する県全体と比較するなど，何らかの指標と比較する方がよい．「位置」の節で用いた「統計でみる市区町村のすがた」で多くの情報は得られる．経年的な傾向についても述べる場合は，国勢調査などを利用する．国勢調査の主要な結果については，総務省統計局ページ内で公開されている．平成 17 年国勢調査を例とすると，下記である．

国勢調査
http://www.stat.go.jp/data/kokusei/2005/index.htm

上記ページ内の，「過去の調査結果」＞「時系列データ」＞「男女，年齢，配偶関係」＞「第 5 表　年齢（3 区分），男女別人口及び年齢別割合－都道府県，市町村」で，1980 年以降のデータが得られる．このほか，各県庁のホームページ，市町村のホームページなどでより長期のデータが得られる場合もある．いずれの場合も出典を明示し，数値データになっているものを利用することが原則である．

「対象地域」が市町村より小さい場合は，対象地域の人口についての基礎的情報を把握しておく．国勢調査でもかなり細かな地域単位で人口を把握できる．Web 上では，「政府統計の総合窓口」内の，「地図で見る統計（統計 GIS）」で確認することができる．リンクが複雑なので，以下では「政府統計の総合窓口」のみを示す．「地図で見る統計」などのキーワードで web 検索した方が早いだろう．

政府統計の総合窓口
http://www.e-stat.go.jp/

「政府統計の総合窓口」から「地図で見る統計（統計 GIS）」をたどり，データダウンロード → ××年国勢調査（小地域）→ 統計表選択 → 地域選択，で丁目等の単位でのデータが得られる．

なお，市町村が把握している人口と，国勢調査の人口は，地域区分や値そのものがかなり異なることが多い．これは資料の集め方の相違などさまざまな要因によるもので，どちらかが正しく，どちらかが正しくないといった議論は意味がない．どの資料を用いたかを明確にしておくことが重要である．特に，アンケート調査など，行政機関や町内会などの協力を得て配布物を伴う調査をする場合は，地元行政機関や町内会が把握している人口資料を得ておく必要がある．

【演習】

岩手県陸前高田市気仙町地区を対象地域とし，同市および気仙町地区の「人口」についてまとめなさい．

【作例】

対象地域の人口

総務省 2005 年国勢調査によると，陸前高田市の人口は 24,709 人, 7,807 世帯である．この時点の岩手県内 35 市町村中, 16 番目に相当する人口であり，岩手県内 13 市中で最も人口が少ない市である．15 歳未満の構成比は 13.2% で，これは岩手県全体の 13.8% とほとんど変わらないが，65 歳以上は 30.5% と，岩手県全体より 6.0% 高くなっている．

2005 年国勢調査で，地名に気仙町が含まれる字名（上長部, 神崎, 町, 土手影, 丑沢, 湊, 古谷, 双六, 要谷, 福伏）の人口の合計は 3,775 名である．これは，陸前高田市全人口の 15.2% に相当する．

表 1　2005 年国勢調査による陸前高田市ほかの人口

		人口総数	15 歳未満	15 ～ 64 歳	65 歳以上
実　数	岩手県	1,385,041	190,578	850,253	339,957
	盛岡市	300,746	41,928	199,632	56,177
	陸前高田市	24,709	3,256	13,919	7,528
構成比	岩手県		13.8 %	61.4 %	24.5 %
	盛岡市		13.9 %	66.4 %	18.7 %
	陸前高田市		13.2 %	56.3 %	30.5 %

※総数には「不詳」を含むため，内訳を合計しても総数に一致しない．構成比は総数に対する比を示しているので，年代ごとの比を合計しても 100% とならない．

【解説】

まず対象市町村の全人口，世帯数を挙げている．「家の数」の概数として，世帯数も重要な指標である．男女別人口は，防災上の資料としてどうしても必要というほどではないのでここでは割愛した．対象地は市だが比較的小さな市であるので，そのことを示すために市町村人口の県内順位を挙げた．一般的な人口統計では，年代別人口の概要集計値として15歳，65歳を区切りとした集計値がよく用いられるのでここでも利用した．65歳以上が一般的に高齢者とされる．高齢者はいろいろな意味で防災対策上重要なキーワードなので，その人口比を本文では挙げている．

参考文献

チーム A：実例満載！　一目でわかる地図　誠意が伝わる案内図の作り方，技術評論社，2005.

上野和彦・高橋日出男編：日本の諸地域を調べる，古今書院，2007.

3

対象地域の自然条件を調べる

この章で 身につくテクニック

- □「災害と地形」の関係の基礎がわかる
- □ 地図から「地形」を読み取る
- □ 地域の「気象」や「河川」の特徴を説明する

対象地域の概要を整理したら,次は「各論」に入る．自然災害は,その地域の自然条件と密接な関係があるので，自然条件についての整理が必要になる．自然条件といってもさまざまなものがあり，調査者の専門分野によっても興味の方向は変わってくるだろう．ここでは，どのような災害について考えるうえでも関連が出てくる，地形，気象，河川について取り上げた.

3.1 地 形

3.1.1 地形分類

地形と自然災害の間には密接な関係があり，個々の地域がどのような地形で構成されているかを知ることは，その地域でどのような自然災害が発生するかを知るための有力な手がかりとなる．ある範囲内の地表面を，その成因，形態，形成時代などの組み合わせにもとづいて界線を描いて区分することを，地形分類，あるいは地形区分という．また，区分された地表面の一部を単位地形，地形単位,単位地表面，地形種などと呼ぶ．自然災害との関係では，よく「地質」が連想されるが,「地質」は岩石や堆積物の種類のことであり,地表面の形状を指す「地形」とは意味が異なる.

地形分類は，分類の目的によりさまざまな方法があり，分類される単位地形の呼称もさまざまである．表 3-1 に，地形分類の一例を挙げるが，これが「決定版」ではないことを十分理解していただきたい．最も大きな分類としては，大きな起伏のある「山地・丘陵地」，ほぼ平坦な「低地」，山地と低地の中間部に位置する「台地・段丘」の 3 種類があり，この大きな分類は，各分類法でもおおむ

表 3-1　国土調査法による地形の分類と定義

地形の分類		定　義
大分類	小分類	
山地丘陵地	山頂緩斜面	急斜面により囲まれた山頂部の小起伏面又は緩傾斜面
	山腹緩斜面	山腹に附着する階状の緩斜面
	山麓緩斜面	侵蝕作用によって生じた山麓部の緩斜面及び火山地における熔岩又は火山岩屑の堆積による山麓部の緩斜面
	急斜面	山地丘陵地における前三分類以外の斜面
台　地	岩石台地	地表の平たんな台状又は段丘状の地域で，基盤岩が出ているか又はきわめて薄く，且つ，軟弱な被覆物質でおおわれているもの
	砂礫台地	地表の平たんな台状又は段丘状の地域で，厚く，且つ，軟弱な砂礫層からなるもの
	石灰岩台地	石灰岩からなる台状の地域で，石灰岩特有の熔蝕形を示すもの
	火山灰砂台地	火山灰砂礫の一次的堆積によってできた台状又は階段状の地域で，きわめて厚い火山灰砂礫からなるもの
	熔岩台地	熔岩でおおわれ，周囲を崖で囲まれた台状の地域
低　地	谷底平野	谷底にある平たん面で現在河流の沖積作用が及ぶ地域
	扇状地	山麓部にあって，主として砂礫質からなる扇状の堆積地域
	三角州	河川の河口部にあって，主として泥土からなる低平な堆積地形の地域
	干潟	潟又は湖の干上がったもの（干拓地及び塩田を含む）
	河原	流水におおわれることのある川ぞいの裸地
	磯	汀線付近の平たんな裸岩地域
	浜	汀線付近の砂礫におおわれた平たん地

地形調査作業規定準則（昭和二十九年七月二日総理府令第五十号），
最終改正：平成一二年八月一四日総理府令第一〇三号による．

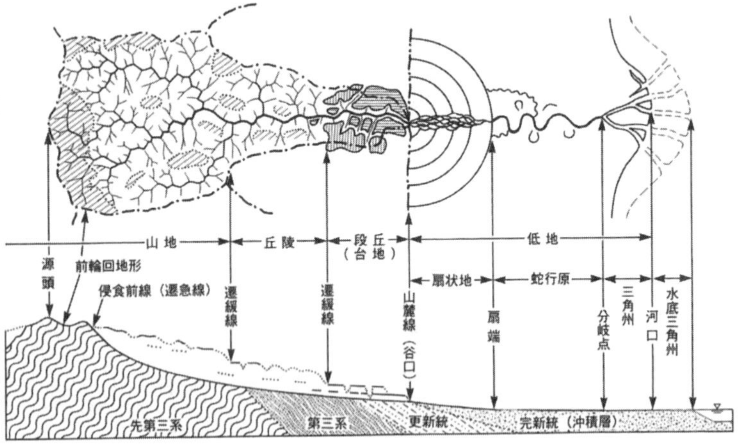

図 **3-1**　流域を構成する地形種の一般的配置
鈴木（1997）より.

ね共通する概念となっている（図 3-1）．この最も基本的な分類は，地表面の起伏の程度によって行われ，地表面の絶対値としての「高さ」（標高）とは関係がない．たとえば房総半島南部は，最も標高の高いところでも 400m に満たないが，その多くが「山地」に分類される．一方，長野県の諏訪湖周辺は標高 760m 前後だが，「低地」に分類される．

地形の形成過程や大まかな分類については，中学校理科第 2 分野，高校理科の地学 I で取り扱われているので，これらの教科に関する参考書で基礎的な学習はして欲しい．先にも挙げた，検定外中学校理科教科書をつくる会（2004），杵島ら（2006），大塚ら（2003）などが読みやすい．より詳しく学ぶためには，鈴木（1997），水谷（1987），大矢ら（1998）などが参考になる．

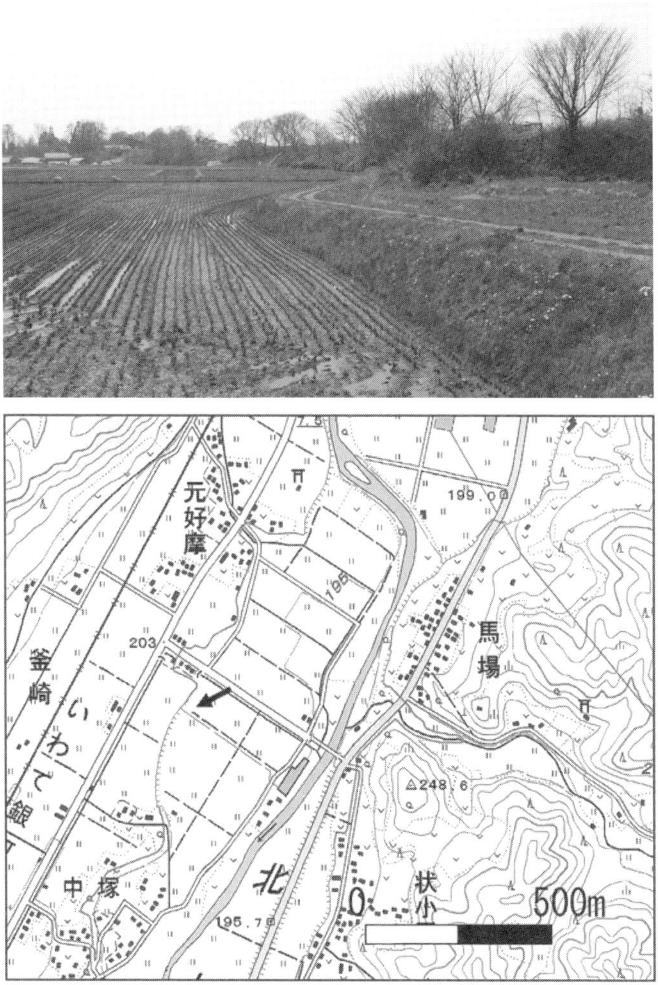

図 3-2　台地と低地の実例

岩手県盛岡市玉山区元好摩付近．写真は 2007 年 5 月撮影．地図は 1:25000 地形図「渋民」，図中の矢印の地点で撮影．
水田面が低地に当たり，写真右中から奥に伸びる急斜面が段丘崖で，地形図上でも崖記号がみえる．段丘崖の上が台地で，平坦な面が広がっていることが地形図からもわかる．

3.1.2　地形と災害の関係

地形と災害の関係について非常に大まかな傾向を述べるとすれば，以下のようになる．

山地：（豪雨や地震に起因する）斜面崩壊・地すべり・土石流
台地：比較的災害の危険性が低い
低地：河川洪水，内水氾濫，地震動の増幅，液状化，津波（沿岸のみ）

形成年代から地形をみると，低地 → 台地 → 山地の順に古くなる．最も新しいのが低地で，最近 1 万年以内の完新世（沖積世）に，台地は日本の場合約 1 万年～十数万年前の更新世（洪積世）末期に形成された地形である．山地あるいは丘陵地はこれより古い時代となる．新しい時代に形成された地形は，現在もまだ形成中なので，地形形成の営みである河川の氾濫などが起こりやすいのである．また，新しいということは，固結が進んでいないということであり，このことから，条件によっては地震による液状化や，地震の揺れの増幅が起こりやすくなる．山地を形成する岩石は，固結は進んでいるが，低地に対して位置エネルギーがあるため，その構成物質を高所から低所に移動させやすく，これが土石流などの形で現れる．

また，地形に関していう「新しい」「古い」という概念が，日常生活の感覚とはオーダーが全く違っていることにも注意が必要である．したがって，たとえば明治期の河道の位置と現在の河道の位置を見比べて，「昔，川だったところなので危険」などといった理解をすることは，地形から読み取れる特徴のほんの一部を拡大解釈しているようなものである．このことについては，5 章でも説明する．

もう少し細かく整理された資料の例として，表 3-2 を挙げる．な

表 3-2　地形と災害の関係

	地形の特徴	災害の種類および その危険の大きい地形	危険小 の地形
山地・ 丘陵	標高，起伏の大きい地表の高まり．起伏の比較的小さい波状地は丘陵．峰，尾根，斜面，谷の集合体．	山崩れ　凹型急斜面 土石流　急勾配渓流 地すべり　地すべり地形	山頂小 起伏面
山麓地	山地と低地の境界部にある比較的平滑な緩傾斜地．主としてマスウェイスティングによる土砂の堆積によって形成．	土石流　沖積錐 山地洪水　開析谷底	段　化 堆積面
台地・ 段丘	低地よりも一段高い位置にあり，広い平坦面をもつ卓状の地形．	内　水　凹地・浅い谷	平　坦 台地面
谷底低地	山地・丘陵内あるいは台地内の河谷沿いに形成された幅狭く細長い低地．	山地洪水　山地内急勾配谷底 内水氾濫　市街化台地内谷底 地　震　台地内谷底（泥炭地）	段丘面
緩扇状地 （扇状地性平野）	比較的大規模な河川が山地から低地へ流れ出す出口付近に形成された扇形状の堆積地形．	河川洪水　旧流路	段丘化 扇　面
氾濫平野 （自然堤防地帯）	河川が流路を変え氾濫を繰り返して形成された河成堆積面．自然堤防，後背低地，旧河道で構成．	河川洪水　後背低地・旧河道 内水氾濫　後背低地・旧河道	自 然 堤 防
三角州	河川の搬出物が河口付近に堆積して形成された海面近い標高の平坦な地形．	高　潮　0 メートル地帯・干拓地 河川洪水　地盤沈下域 地　震　埋没谷域・旧沼沢地	盛土地
海岸低地	海岸に面する小規模低地．漂砂の堆積，浅海底の陸化，小河川搬出土砂の堆積によって形成．	内水氾濫　潟性低地 津　波　リアス海岸 地震（液状化）　砂丘縁辺部	砂丘・ 砂堆

水谷（1987）の表 2 より．

お，この表をみてもわかるように，地形と災害の関係は一対一ではなく幅があるものである．ハザードマップなどでも同様だが，過度に厳密，頑なにこれらの情報を読み取ることは適切ではない．実際に起こる災害の形態や規模は，地形などの自然素因，建物や人間の生活形態などの社会素因，ハザードそのものの規模（誘因）の組み合わせによって決まり，事前に厳密な予測をすることはきわめて困難である．災害情報として目指すべきは，唯一解としての「被害予測」でも，あらゆる地域に適用可能な「一般的知識」でもなく，その地域においてどのような種類，形態の災害が起こりうるかを，誤解なく，幅を持って理解することだろう．

3.1.3 分類された地形に関する情報収集

地形分類は，地形図，空中写真，現地踏査などをもとに，ある程度訓練すればできるようになるとされており，参考書もいくつか刊行されている（鈴木，1997 など）．しかし，習熟した技術者によって行われる地形分類でも分類結果には個人差が出やすいものであり，誰でもすぐに簡単にできるというものでもない．災害情報として活用するためには，地形分類に関する基礎的な知識を学んだうえで，刊行されている地形分類図などを利用することが現実的である．

現在日本国内の地形について刊行されている地形分類図は何種類かあるが，最も広範囲をカバーしているのは，旧経済企画庁および各都道府県によって整備されてきた，国土調査法にもとづく土地分類基本調査の成果によるものである．この調査は現在でも進められており，現在は，国土交通省土地水資源局国土調査課の所管となり，下記で公開されている．

土地分類調査
http://tochi.mlit.go.jp/kihon-info/tochi-bunrui/

この成果には，都道府県を単位とした「20 万分の 1 土地分類基本調査」と，1:50000 地形図 1 枚を単位とした「5 万分の 1 土地分類基本調査（都道府県土地分類基本調査）」がある．「20 万分の 1」は全国の整備が完了している．「5 万分の 1」は本州以南がほぼ完了したが，北海道はごく限定的な場所しか刊行されていない．「5 万分の 1」に含まれる資料は，地形分類図，土地利用現況図，表層地質図，簿冊（ぼさつ）（解説書），土壌図などであり，地域によって若干増減がある．「20 万分の 1」ではこれらの資料の他にいくつかの図表が

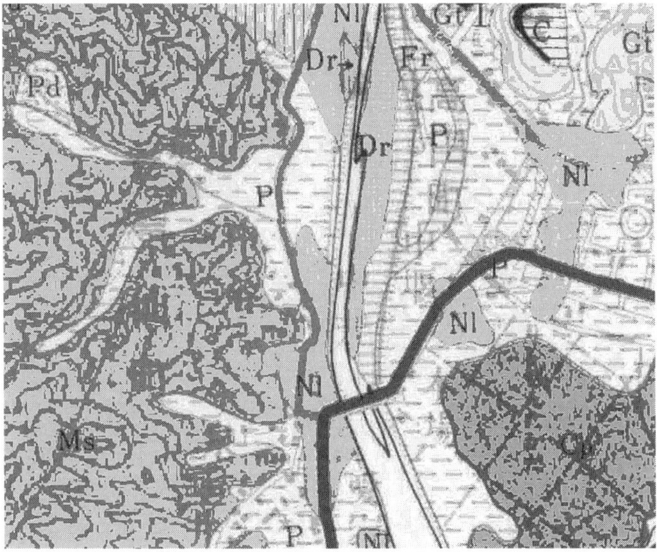

図 **3-3**　**5** 万分の **1** 土地分類基本調査による地形分類図の例
岩手県，1975 を一部改変．原図はカラー．

加わる．このうち，災害情報として特に有用なのは，「地形分類図」である．

災害調査の際には，「5 万分の 1」が有効だろう．上記のページから関連資料をダウンロードし，対象地域がどのような地形として分類されているかを確認しておく．なお，「地形分類図」の凡例は，図幅によって異なっている．特定の図の凡例だけを参照して他の図をみたりせず，1 枚の図全体をみる必要がある．

土地分類基本調査では，「簿冊」（解説書）も非常に有益な資料であり，必ず目を通しておく必要がある．簿冊の内容は地域によって多少異なるが，1:50000 地形分類図「盛」（岩手県，1975）を例とすると，その目次は以下のようになっている．

総論

Ⅰ　位置および行政区界／　Ⅱ　地域の特性／

Ⅲ　主要産業の概要／　Ⅳ　開発の現状と方向

各論

Ⅰ　地形分類／　Ⅱ　表層地質／　Ⅲ　土壌／

Ⅳ　傾斜区分／　Ⅴ　水系谷密度／　Ⅵ　利水現況／

Ⅶ　起伏量

（別冊）

Ⅰ　防災／　Ⅱ　土壌生産力区分／　Ⅲ　標高区分

「総論」の内容は，本書で想定している災害調査に関する報告書に記載する事項とかなり近く，参考になる．ただし，古い時期に刊行されたものも多いので，人口や産業に関するデータなどは直接利用できないこともある．「各論」のなかでは「地形分類」が最も重要な内容である．また，「防災」という節が設けられている場合もある．内容は，過去に発生した災害の状況についてであり，大変参考になる．

刊行範囲が限定されるが，国土地理院が刊行している「土地条件図」,「沿岸海域土地条件図」,「治水地形分類図」も地形分類図である．また，国土地理院による「都市圏活断層図」も，やや記述が簡易ではあるが，地形分類図としての情報が含まれている．これらはいずれも 1:25000 または 1:50000 の縮尺で作成されている．「土地条件図」，「沿岸海域土地条件図」，「治水地形分類図」については，国土地理院 Web 内の下記ページから閲覧可能である．

主題図（地理調査）

http://www.gsi.go.jp/kikaku/index.html

国土調査による地形分類図と，国土地理院の土地条件図などが重複して刊行されている地域で見比べるとわかるが，同じ地域を対象とした地形分類図でも，その記述内容はかなり異なっている場合がある．これは作成目的や，作成時期（その時期までに得られた知見）の差異によって生ずる結果であり，どちらが正しい，どちらが誤っているといった議論をしてもはじまらない．そもそも，これらの図では「線」によって地形が区分され，塗り分けられているが，その「線」の位置は幅のあるものであり，厳密に読み過ぎてはいけない．1:50000 地形分類図に描かれている「線」を縮尺 1:2500 の地図上に「厳密に転写」しても意味はない．対象地域が狭くなればなるほど，細かく読み取りたくなるものであるが，1:50000 や 1:25000 地形図に表記された情報は，そもそも建物 1 棟ごとの条件の違いを表せるほどの精度は持っていない．数十棟程度の集落を 1 つのまとまりとして，その付近が全体としてどのような地形条件下にあるのか，などを把握するくらいが妥当だろう．

対象地域の地形について，報告書等に記述する場合は，まず対象地域付近全体の地形の概観を述べる（山地が多い，など）．そのうえで，対象地域内の主な集落がどのような地形条件下にあるかを挙げるとよいだろう．特に，氾濫原，後背低地（後背湿地），旧河道，自然堤防など，災害と関わりの深い地形については，読み取れる範囲内でなるべく省略せずに言及した方がよい．

【演習】

岩手県陸前高田市気仙町地区を対象地域とし，対象地域の「地形」について，住家のある場所を中心に，この地域で想定される津波災害，浸水災害などを考慮してまとめなさい．

【作例】

地 形

国土調査による 1:50000 地形分類図「盛」（岩手県, 1975),「気仙沼」（岩手県，1981）によると，陸前高田市域内は広く山地および丘陵地が分布しており，低地は，高田町中心部付近と，気仙川および矢作川周辺に谷底平野，氾濫平野の形成がみられる程度である．台地の形成はほとんどみられない．

気仙町地区も多くは山地であるが，集落はほとんどが低地に立地している．今泉の市街地は自然堤防上に立地しているが，愛宕下，三本松付近は氾濫平野となっている．南部の長部地区は小起伏山地（標高おおむね 10m 以上）上の集落も多いが，家屋の密集している湊，要谷地区は主に三角州上に立地している．気仙川左岸側は，ほとんどが氾濫平野，旧河道，海岸平野，三角州となっている．

参考文献

岩手県：土地分類基本調査　盛，岩手県，1975.
岩手県：土地分類基本調査　気仙沼，岩手県，1981.

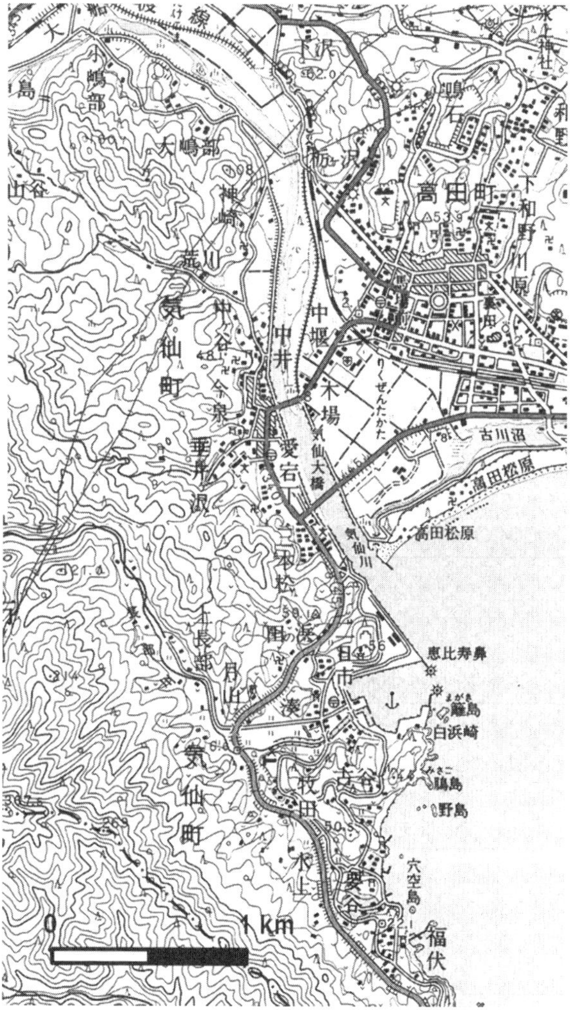

図 1　気仙町付近の地形図
1:50000 地形図「盛」,「気仙沼」を一部改変.

【解説】

まず陸前高田市全体の地形概要について，山地・丘陵地，台地，低地の所在，広がりなどを述べている．第２段落では気仙町地区に視点を移して記述している．面積的には山地が圧倒的に多いが，集落（「災害」が起こるのは主として集落のあるところ）の所在するのは低地に限られるので，山地に関しては詳述していない．低地に関しては，一部の集落は自然堤防上（すなわち微高地）に存在するが，三角州などに立地する集落があることにも触れ，地区内で浸水・津波などの災害に対する脆弱性に違いがあることを示唆している．細かな地名を挙げるときは，その地名の位置がわかる資料をつける必要がある．略図に示してもよいが，この作例では，略図を比較的広い範囲を対象として作成したので，略図とは別に地形図を添付した．地形分類図そのものを示してもよいが，不鮮明になることも多いので，この作例では挙げていない．地形図でも地形概要は読み取れるので，地形図は地形分類図に代わる資料としての意味も持っている．

なお，川を中心として位置関係を示す際に「右岸（うがん）」，「左岸（さがん）」という言葉がよく使われる．水の流れていく方向，すなわち下流に向かって立ってみた際の，川の右側の岸を右岸，左側を左岸という．

3.2　気象

気象情報は種類が多いので，目的に応じて必要なものだけを整理すればよい．対象とするハザードが地震，津波，火山であっても，気象はその地域の自然条件を構成する代表的な要素なので，簡単でよいから情報収集をしておいた方がよい．「積雪期の津波」，「豪雨時の地震」など，複合的災害を考えるうえでも重要な基礎知識となる．自然災害と最も密接な関係のある気象要素は降水量だろう．また，降水量は観測所数もずば抜けて多く，細かな地域までデータを入手しやすい気象要素でもある．降水の一部であるが，積雪に関する情報も，積雪そのものによる災害が想定されるだけでなく，他の災害が発生した際の対応方法などとも関連するので，重要度の高い情報である．気温，風，日照などは，対象とする地域での必要に応じて収集すればよい．

最低限でも収集すべきデータは，平均的な値（平年値）と，過去に記録された大きな値である．リアルタイム降水量については，現在では非常に多くの観測所データが公開されているが，過去のデータがよく整理されているのはほぼ気象庁の観測所に限られる．気象データは，観測方法や集計方法によって違い（「誤り・間違い」ではなく「差異」という意味）が生じる．ここで取り上げる「平均的な値（平年値）」と「過去に記録された大きな値」はこういった手法による差が特に生じやすいので，気象データに関する専門的な知識を持っていない場合は，気象庁のデータを主に使用する方が無難である．なお，災害調査で特定の日の雨量分布を調べるような場面では事情が異なり，さまざまな機関から多数の観測データを集めることも重要である（牛山編，2000）．

気象庁観測所の過去のデータは，気象庁ホームページ内で検索できる．まず，

　気象庁ホームページ
　http://www.jma.go.jp/jma/

内で，ホーム > 気象統計情報 > 過去の気象データ検索　と進む．ここで，「地点の選択」から，対象地域に最も近い観測所を少なくとも 1 箇所探す．対象地域内に観測所がない場合は，距離的に最も近い観測所とする．次に，「年・月ごとの平年値」を表示して，月降水量の平年値を確認する．必要に応じて，積雪などのデータも確認しておく．なお, 積雪のデータが得られる観測所は限られるので，得られない場合はなくてよい．最低限必要なのは「このあたりは冬場に雪が降るか，多いときでどれくらいか」という情報なので，対象地域の関係者に話を聞くこと（ただし必ず複数の人に聞く）でも代用できる．

過去の記録については，「地点ごとの観測史上 1 ～ 10 位の値」を表示させて，「観測史上 1 ～ 10 位の値（年間を通じての値)」から，「日最大 1 時間降水量」，「月最大 24 時間降水量」など（これらの要素が豪雨災害と関連が深い）について，1 位～ 3 位くらいまでの値と発生日を確認しておく．必要に応じて，他の要素も確認する．

このとき，厳重に注意しなければならないのが，その観測所における統計期間である．たとえば，1880 年代からの 120 年以上の統計期間から得られた「最大値」と，2000 年代からの数年間で得られた「最大値」ではその意味が全く異なる（後者は更新されやすく，豪雨の目安になりにくい)．気象庁 AMeDAS 観測所の多くは，1979 年以降の約 30 年間の統計値が得られるが，豪雨の「激しさ」を知る目安の情報として利用するのであれば，最低でもこの程度の統計期間が得られる観測所の値を使用した方がよい．30 年間のなかで記録されたことがない程度の豪雨が発生したということは，いうなれば，現在その地域社会の中核で活動している人の多くが，社会に出てから経験したことがない程度の豪雨が発生しつつあるということであり，人を含めた，現時点の地域の社会システムが持つ，豪雨に対する備えや経験が通用しにくい状況が発生しつつあるとも理解できる．ただし，AMeDAS 観測所は諸般の事情によりかなり移動しているので，1979 年以降の全データを得られる観測所は年々減少している．おおむね 20 年程度のデータが得られれば，その値を利用してもよいだろう．いずれにせよ，最大値に関するデータを収集する際には，必ずその統計期間を確認しておかなければならない．

報告書等に記載する場合には，月降水量平年値を棒グラフで示し，最大値は表で示すとよいだろう．観測所の位置についても，位置図や緯度経度，住所などを示しておく．

なお，「気候の概要」を述べる際に「△地区の気候は○×気候区に属し」といった記述を好む人がいるが，それらの用語を十分に理解し，その情報を提示する必要性を確信して記述するのであれば構わないが，「なんとなく専門的な表現のような感じがするから」というくらいの動機で記述するのであれば，おすすめしない．気候区分の方法は必ずしも統一されておらず，自ら定義・分類できない区分を挙げることはそもそも不適切である．さまざまな分類が存在し，かつ広くそれらの分類が理解されているとも限らないことから，「○×気候」であると記述されたところで，その「○×気候」というのはどのような気候なのかを読者がイメージできるかは不明であり，防災情報としては格別有用なことはない．何かの文献の孫引きであやしげな分類などはせず，値だけを挙げておく方がよい．特に，降水量の「激しさ」は地域によって極端に異なり，数値だけを挙げてもその「激しさ」が理解しにくい指標である．1 時間降水量や 24 時間降水量の最大値（あるいは上位値）は，「対象地域における激しい雨」の規模を理解するよい指標となる．

【演習】

岩手県陸前高田市気仙町地区を対象地域とし，対象地域の「気象」について，降水量を中心としてまとめなさい．

【作例】

陸前高田市内に気象庁の観測所は存在しないので，ここでは隣接する大船渡市にある大船渡特別地域気象観測所（AMeDAS 大船渡）の値を用いる．同観測所の所在地は大船渡市大船渡町字赤沢で，標高は 37m，気仙町地区の北東約 10km 付近に位置する．大船渡の年降水量平年値（1971 ～ 2000 年）は 1518.3mm で，9 月が最も多く（218.7mm），12 月が最も少ない（36.9mm）．積雪の深さの平年値が 1cm 以上となるのは 11 月から 4 月の間で，積雪の深さの年最大値の平年値は 13cm である．

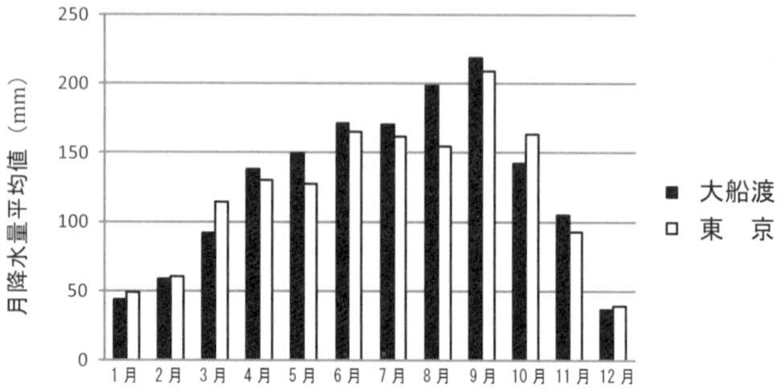

図 1　大船渡・東京の月降水量平年値（1971 ～ 2000 年）

表1　**AMeDAS 大船渡の降水量上位記録と発生日**

	1位	2位	3位	統計期間
日最大1時間降水量	56.5 （2005/ 9/ 7）	56.0 （1975/ 9/ 5）	49.0 （2001/ 7/16）	1963 ～ 2007
月最大24時間降水量	245.5 （2002/ 7/10）	226.5 （1986/ 8/ 5）	207.0 （1977/ 5/16）	1971 ～ 2007

1時間降水量，24時間降水量の上位記録については，1971年（1時間降水量は1963年）以降の記録が集計されており，1時間降水量の最大値は56.5mm，24時間降水量の最大値は245.5mmとなっている．いずれも最近10年以内の記録であるが，2位以下と大きな差はなく，極端に大きな記録はこの間には生じていない．

【解説】

まず月降水量の特徴を説明している．夏季に降水が多く冬に少ないのは「当たり前」と思うかもしれないが，日本のなかだけでも話はけっしてそんな単純なものではないので，「特徴」として記述すべきである．この地域の場合, 6, 7月の梅雨期の降水が目立たず, 8, 9月が明確なピークとなっていることも特徴的である．月別降水量について示す際には，比較対象となる別の観測所の値を示すことも効果的である．ここでは，わが国の代表的な都市として東京を挙げているが，これは必要に応じて変えてよい．ただし，あまり比較対象を増やすとグラフが読み取りにくくなるので，極力1箇所に絞った方がいい．第2段落では過去の大きな値について述べている．合わせて示すデータは表形式の方がいいだろう. 統計期間を必ず示す. 挙げた記録の発生日も重要な情報である．現地調査の際などに,「×

年頃に激しい雨がありましたね」といった会話の糸口になる.

ここで用いている気象データは気象庁のデータなので，データを入手したWebのURLなどを示してもよい. ただし, 筆者の知る限り, 気象データを専門的に扱う分野（気象学，地理学など）では，日本の気象庁の一般的な観測データ（気温, 降水量など）を使う限りは, データを収集した出版物名やURLを挙げることはあまり一般的ではない．むしろ，観測所の正しい名称や位置，統計期間を明示することの方が重要である.

3.3　河川

対象地域内を一級河川や二級河川などの主な河川が流れていれば，河川についても調べておく．目立った河川がない場合や，すべて海岸線に面しているような場合は, 「その他」としてごく簡単に記述するだけでもよい．なお，対象地域内を川が流れていない場合でも，近傍の川からの浸水が想定されるような場合は，当該の河川について調べておいた方がよい．洪水を対象としていない防災計画や調査の場合でも，河川はさまざまな影響をもたらしうるので，対象地域の災害素因を把握しておく意味から，河川について調べておくことは必要である.

報告書等に記述する際は，まず対象地域内を流れる主な河川の位置と名称を挙げる．対象地域の位置に関する記述のなかでは，ごく大きな河川のみを挙げ，自然条件に関する記述のなかでは，もう少し小さな河川についても触れる．目安としては，1:25000 地形図に河川名が記載されている河川くらいまでを挙げるとよいだろう.

主な河川については，水位観測所が設置されている．水位観測所の位置については，

川の防災情報

http://www.river.go.jp/

で確認することができる．このページに記載されている観測所以外にも，都道府県が設置している観測所が，各都道府県の土木・河川関係部署のホームページで公開されている場合があるので，合わせて確認しておく．対象地域内に水位観測所が存在しなかった場合，対象地域内を流れる河川で流域内にある観測所を挙げてもよい．対象地域内を流れる河川の流域内にも水位観測所がない場合は，水位観測所についての情報収集は省略してよい.

収集すべきデータとしては，水位観測所の位置と，「はん濫注意水位」，「避難判断水位」，「はん濫危険水位」，「計画高水位」などの値である.「はん濫注意水位」などは，その観測所における水位の程度を表す指標であり，はん濫注意水位＜避難判断水位＜はん濫危険水位＜計画高水位の順に値が大きく（規模が激しく）なっている．観測所によっては，これらの水位が未設定または一部のみ設定されている場合がある．水位の生の観測値だけをみても，その値の「激しさ」を理解することは難しいので，どの程度の水位が当該地域にとって「激しい」のかを理解するために，これらの情報収集が必要になる.

河川の流域の範囲，面積，流路長などについては，国土調査の一部として行われている「主要水系調査」，「都道府県水調査」の成果が参考になる．これらについても，国土調査のページ，

水調査

http://tochi.mlit.go.jp/kihon-info/mizu-chousa/

から参照できる.「主要水系調査」が 1 級河川についての調査,「都道府県水調査」が 2 級河川についての調査である. この成果には「利水現況図」と「調査書」が含まれている. 主要水系毎に作成されており, 利水現況図はおおむね 1:50000 である. 利水現況図からは, 各流域の形状や面積が読み取れる. 調査書には, 流域内の雨量, 水位観測所の過去の記録などが収録されている.「主要水系調査」はほぼ全国的に整備が完了しているが, 更新はされていないので, 収録されているデータはかなり古い場合がある. 過去の記録としては貴重だが, 雨量, 水位などのデータについては, 川の防災情報などから最近の状況も把握した方がよい.

【演習】

岩手県陸前高田市気仙町地区の主な「河川」についてまとめなさい.

【作例】

2 級河川気仙川が陸前高田市内を流れる最も大きな河川（流域面積 519.0km^2, 流路延長 40.0km）である. 気仙町地区はおおむね気仙川の右岸に立地しているが, 一部が左岸側に入り込んでいる. 気仙町地区南部には 2 級河川長部川が流れ, 広田湾に注いでいるが, 流域面積 9.8km^2, 流路延長 3.1km と, 気仙川に比べるとごく小さな河川である（岩手県, 1992).

気仙川の, 気仙地区に最寄りの水位観測所としては, 岩手県が設置している館水位観測所（陸前高田市竹駒町字大畑 66-3, 気仙川・矢作川合流点下流 200m）がある. 今泉地区中心部にある姉歯橋の上流側約 3km の地点である. 館水位観測所の水防団待機水位は 2.50m, はん濫注意水位 3.00m, 避難判断水位 4.80m と指定されている. はん濫危険水位, 計画高水位は指定されていない.

参考文献

岩手県：岩手県釜石・気仙地域水調査書, 岩手県, 1992.

【解説】

対象地区には二つの2級河川があったのでこれらを挙げ，それぞれ，集落との位置関係を示している．

参考文献

岩手県：土地分類基本調査　盛，岩手県，1975.
水谷武司：防災地形　第二版，古今書院，1987.
水谷武司：自然災害と防災の科学，東京大学出版会，2002.
検定外中学校理科教科書をつくる会：新しい科学の教科書　現代人のための中学理科　第2分野　生物・地学編，文一総合出版，2004.
杵島正洋・松本直記・左巻健男編著：新しい高校地学の教科書，講談社，2006.
大塚韶三・青木寿史・萩島智子：新ひとりで学べる地学I，清水書院，2003.
大矢雅彦ほか：地形分類図の読み方・作り方，古今書院，1998.
鈴木隆介：建設技術者のための地形図読図入門　第1巻　読図の基礎，1997.
牛山素行編：身近な気象・気候調査の基礎，古今書院，2000.

4

対象地域の自然災害を調べる

この章で 身につくテクニック

- □ 地域の簡略な「災害史」を作成する
- □ どのような種類の災害が起こりうるか説明する
- □ どの程度の被害が想定されているか説明する

これまでの章で紹介した調査項目は，一般的な地域調査でも調査対象となる場合が多いものである．防災や災害調査のための地域調査では，これらに加え，対象地域の災害に関する調査（いわば「災害環境」の調査）を行うことが必須となる．本章ではこれについて紹介する．

4.1　過去の災害記録

まず，対象地域で過去に発生した主な自然災害について整理する．地域の単位は基本的には市町村とするが，対象地域に関わる細かな地域単位で情報が得られれば，それについても挙げる．

情報源としては，まずその市町村の地域防災計画を参照する．多くの場合，「第 1 章　総則」の本文あるいは資料編に，過去の災害に関する言及や，年表が掲載されている．対象地域で市町村誌が刊行されている場合は，これも参照する．なんらかの災害に関する記述がある場合が多い．これらの資料をもとに，何らかのしきい値を設定して，対象地域の主要災害年表を作成しておくとよい．

また，3.1.3 で挙げた国土調査のページ，

土地分類調査
http://tochi.mlit.go.jp/kihon-info/tochi-bunrui/

内にある「20 万分の 1 土地保全基本調査」のなかに，「災害履歴図」が含まれている．収録されている災害がやや少ないことが多いが，地域防災計画記載の資料だけでは位置が確認しにくいことが多いの

で，「附属資料」の記述も含め，参考になることが多い．

特に注目される災害事例が存在した場合は，発生年月日を確認し，その頃の新聞記事を参照すると，より詳しい情報が得られる場合がある．いうまでもなく，地方紙の方が詳細な情報を得られる．また，市町村が発行している広報にも関連記述が載っていることが多い．地方紙や市町村の広報は，対象地域最寄りの図書館，あるいは県立図書館を訪問できればかなり古い時代のものまで参照できる．最近の事例であれば，広報は電子版で市町村役場の Web に掲載されていることが多い．

【演習】

岩手県陸前高田市および同気仙町地区で過去に発生した自然災害についてまとめなさい．

【作例】

陸前高田市史には，「地震・津波年表」と「水害・凶作年表」が収録されている（陸前高田市史編集委員会，1999）．これには，明治以降 1997 年頃までの自然災害として，地震・津波は 45 事例，水害・凶作は 45 事例が掲載されている．また，陸前高田市地域防災計画（陸前高田市，2006）には，これらを統合した年表が収録され，明治以降 2005 年までの間に，火災なども含め 73 事例が収録されている．ただし，このなかには軽微な被害事例も多く含まれており，死者を伴う事例に限定すると6事例となる．死者の発生した最新の事例は1979年であり，これ以降28年間発生していない．

人的被害，家屋被害両面からみて最大の被害をもたらしたのは，1896年の（明治）三陸津波で，死者・行方不明者817名を数えている．これに次ぐのが1933年の（昭和）三陸津波で，死者・行方不明者106名となっている．1960年のチリ地震津波では，死者は8名と明治，昭和の三陸津波と比べると小さくなっているが，全壊は155棟で，半壊を含めると明治・昭和三陸津波よりも大きくなる．気象災害で最も大きかったのは，1948年のアイオン台風による事例で，死者4名となっている．この時被害が多かったのは旧横田村（現・陸前高田市横田町）で，気仙川，平栗川の氾濫などにより4名が溺死したとある（陸前高田市史編集委員会，1999）．年表には浸水家屋数の記載がないが，横田村だけでも床上浸水23戸，床下浸水54戸とのことで，相当程度の浸水被害があったと思われる．

気仙町地区での被害は，主に明治，昭和，チリ地震の3回の津波によってもたらされている．陸前高田市史によれば（陸前高田市史編集委員会，1999），明治三陸津波による旧気仙村の被害は，死者42名，流失27棟，全壊3棟となっている．このときは，広田半島の被害が大きく，広田村では死者518名などとなっている．昭和三陸津波では，同32名，2棟，48棟であった．このときも主な被害は広田半島で生じているが，広田村では死者・行方不明者45名，流失103棟，全壊14棟となっており，家屋被害の割には，気仙地区での人的被害が多いように思われる．チリ地震津波では，同1名，14棟，6

表 1　陸前高田市で過去に発生した主な自然災害

発生年月日	災害内容	死者 *1 (人)	全壊 *2 (棟)	半壊 *3 (棟)	一部破損 (棟)	床上浸水 (棟)	床下浸水 (棟)
1896/06/15	明治三陸津波	817	245	39		39	26
1933/03/03	昭和三陸津波	106	223	33		49	14
1948/09/17	アイオン台風水害	4	9				
1960/05/24	チリ地震津波	8	155	151		151	15
1977/05/15 ～ 17	低気圧	2	2	6	6	9	309
1979/10/19 ～ 20	台風 20 号	1			13	44	185
1994/09/15 ～ 16	低気圧					43	48
1999/07/13 ～ 14	熱帯低気圧				6	36	170

陸前高田市（2006）をもとに，死者 1 名以上または床上浸水 30 棟以上の事例を抽出.
*1　死者・行方不明者.　*2　全壊・焼・流失.　*3　半壊・半焼.

棟であった．この時は，広田湾の湾奥部で浸水が激しく，被害も広田半島付近ではなく，小友町，気仙町，高田町地区が中心であった．主な自然災害としてあげた直近の事例は 1999 年 7 月の豪雨災害だが，このときは気仙町内の国道 45 号線が冠水し，通行止めとなったようである（1999 年 7 月 15 日付河北新報）．

参考文献

陸前高田市史編集委員会：陸前高田市史　第 8 巻　治安・戦役・災害・厚生編，陸前高田市，1999.

陸前高田市：陸前高田市地域防災計画（平成 18 年修正），陸前高田市，2006.

【解説】

市史と地域防災計画を資料として，対象地区の「主な災害」をまとめている．対象地区の場合，大きな津波災害が3回あったことから，記述内容がやや多くなっている．もっと簡潔な記述で終わる地区も多いだろう．「主な災害」の抽出定義を「死者1名以上または床上浸水30棟以上の事例」としているが，便宜的なものである．ここでは「主な災害」が多すぎても資料としてかえってわかりにくくなることから，事例全体をみて「この町にとって大きな災害はどのくらいか」という目星をつけ，10事例程度になるように定義した．比較する現象や地域がある場合は，その比較対象より大きな事例を抽出できるような定義としてもよいだろう．市町村単位での被害は資料として把握しやすいが，それより小さな地域単位での被害データを得ることは難しいことも多い．この地区ではたまたま市史に記述があったので挙げているが，得られない場合は市町村単位での記述にとどめても構わない．

なお，この作例は2011年3月の東日本大震災より前の時点における陸前高田市の災害に関する記述である．

4.2　ハザードマップ的情報

対象地域において，何らかのハザードマップが作成されていないか確認し，作成されている場合は入手しておく．ハザードマップは，基本的には市町村が作成するものであり，特に豪雨災害に関しては，水防法と土砂災害防止法にその旨明記されている．したがって，ハザードマップ作成の有無については市町村に問い合わせるのが先決である．ただし，県によって広域的な情報整備が行われている場合も少なくないので，都道府県の防災関係ページも確認しておいた方がよい．全国のハザードマップを網羅的に参照するには，下記ページが参考になる．

国土交通省ハザードマップポータルサイト
http://disapotal.gsi.go.jp/

地震に関しては，今後 30 年以内に震度 6 弱以上の揺れに見舞われる確率の分布図などを示した，「全国を概観した地震動予測地図」なども汎用的な資料として利用できるだろう．

地震調査研究推進本部　地震動予測地図
http://www.jishin.go.jp/main/p_hyoka04.htm

報告書などに記載する場合は，対象地域の，特に主な集落に関して，ハザードマップでどのような災害の危険性が指摘されているかを挙げておく．この場合も，土地分類図の時と同様に，あまり細かく読み過ぎてはいけない．たとえば，500m の格子データで表示されている「浸水想定区域」の地図を，無理矢理拡大して，1 棟単位で「浸水する」「浸水しない」などと塗り分けるといった作業は，元データが持つ情報の分解能を超えた作業であり，意味がない．

ハザードマップは特定の種類の外力（がいりょく）（Hazard）について，何らかの規模を想定し（想定外力），その結果もたらされる現象や被害の程度を地図上に示した資料である．したがって，その図に示された情報は，対象地域で起こりうる災害のごく一端を示しているに過ぎない．たとえば，「洪水ハザードマップ」に，津波による浸水想定区域が示されていない，といったことはごく普通に見られることである．特定のハザードマップの内容「だけ」で，対象地域の災害について理解することはできない．本書で紹介した，地形をはじめとする自然条件を知ることは，ハザードマップが持つ情報としての限界を補うことにつながる．

【演習】

岩手県陸前高田市に関係するハザードマップについてまとめなさい．

【作例】

陸前高田市では，市としてのハザードマップは作成されていない．

津波に関しては，岩手県により，「岩手県津波浸水予測図（陸前高田市）」が作成，公表されている．これは，宮城，岩手県沿岸全市町村について統一的に作成されたものである．これによると，気仙町地区の主な集落はほとんどが浸水想定区域内にあり，特に長部地区では最大浸水深 4m 以上の範囲が少なくない．

岩手県による「いわてデジタルマップ」では，気仙川水系洪水浸水予想図が公開されている．これによると，陸前高田市街地のほとんどが浸水想定区域となっている．気仙町地区では，長部地区は流域外のため対象外だが，今泉地区は，集落のあるほぼすべての場所が，「2m 以上 5m 未満」となっている．

岩手県が公表している，「土砂災害警戒区域等の指定概要図」によると，気仙町地区内にも多くの土砂災害特別警戒区域が設定されている．今泉地区では，おおむね津波・洪水の危険性が低い地域で指定箇所が多くなっているが，長部地区は海岸近くに傾斜地があり，津波の危険性の高い地域と土砂災害特別警戒区域が近接する傾向にある．

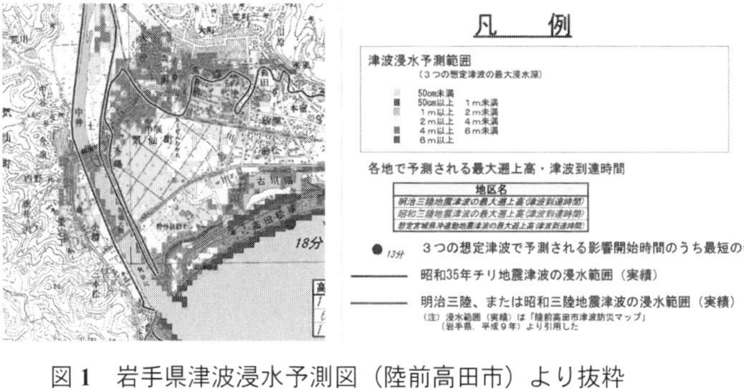

図 1　岩手県津波浸水予測図（陸前高田市）より抜粋

【解説】

対象地区では，種類が異なる複数のハザードマップ的情報が公開されているので，それぞれについて述べている．当然，これらのハザードマップは何らかの形で手元に保存しておく．作例中の「いわてデジタルマップ」は WebGIS なので，電子媒体としても，紙媒体としても手元に保存しておくことが難しいが，表示画面のスクリーンショットにしてでも保存しておく．Windows の場合，PrintScreen キーを押すと，クリップボードにスクリーンショットが画像コピー（保存）される．画像処理ソフト，あるいは Word や PowerPoint でも構わないが，画像を扱えるソフトを開き，貼り付ければファイルとして保存できる．いずれの場合も，保存する際は，凡例や解説も含む資料全体を保存しておかなければならない．ハザードマップを資料として提示する際には，その前提条件や各種記号の意味を説明できなければならないからである．

4.3　被害想定

ハザードマップは，その地域でどのような種類・規模の現象が起こるかを想定して地図に示した資料であるが，さらに進めて，想定される現象が起こった場合に，社会の側でどの程度の被害が起こるかを想定した資料が，「被害想定」と呼ばれている．被害想定が行われているケースは，災害の種類，地域ともに限定されるが，貴重な情報である．対象地域においてなんらかの被害想定が行われている場合，地域防災計画にその記載がある．市町村独自に被害想定を行っているケースは少ないので，市町村の地域防災計画とともに，都道府県の地域防災計画にも目を通しておく必要がある．都道府県の地域防災計画については，総務省消防庁により，

地域防災計画データベース
http://www.fdma.go.jp/chiikibousai/

が整備されており，ここから閲覧が可能である．ただし，このサイトは必ずしも参照性がよくないので，各都道府県のホームページ内から探した方がよいかもしれない．

「細かく読み過ぎてはいけない」，「特定の種類の被害想定だけに注目しない」という留意点は，ハザードマップの場合と全く同様である．報告書等に記述する際は，対象地域が市町村より小さな地域だった場合でも，被害想定に関する記述は市町村を単位とする程度にとどめておく方が適切だろう．

【演習】

陸前高田市気仙町地区に関して公表されている被害想定を調べ，その概要を整理しなさい.

【作例】

陸前高田市に関連する被害想定としては，岩手県により，「岩手県地震・津波シミュレーション及び被害想定調査に関する報告書（概要版）」（岩手県，2004）が公表されている．ここでは，明治三陸地震津波，昭和三陸地震津波，想定宮城県沖連動地震津波の3例について，津波による建物被害，人的被害等を，それぞれ津波施設効果があった場合，なかった場合について予測している.

これによると，陸前高田市では3ケースいずれにおいても数百棟以上の全壊家屋の発生が想定されており，特に「想定宮城県沖連動地震・防災施設効果なし」の場合の全壊家屋数は，岩手県内で最大の値である．人的被害は，想定条件によるばらつきが大きいが，特に想定宮城県沖連動地震の場合は，どの条件でも死者の発生が予想されている．「夏の昼間」に被害が大きく予想されているが，これは陸前高田市にある海水浴場への入り込み客が考慮されているためである．ただし，被害想定に添付の図によると，気仙町地区付近でも人的被害，建物被害が発生することが予想されており，「被害は観光客が中心で，気仙町地区では被害が軽微」といった想定はできない.

「岩手県地震・津波シミュレーション及び被害想定調査に関する報告書(概要版)」では, 想定宮城県沖連動型地震を対象に, 地震動そのものによる被害想定も行われている. これによると, 陸前高田市では, 広田湾周辺の低地部を中心に, 震度6弱の揺れが想定され, 液状化の「可能性大」とされている. また, 木造家屋の全壊74棟, 死者4名で, 県内では最大の被害が想定されている. また, 地震による急傾斜地崩壊についても, 「危険度A」が42箇所で, これも県内最大である.

表1　陸前高田市の建物被害の被害想定（単位：棟）

	床上（全壊）	床上（半壊）	床上（軽微）
明治三陸（施設効果あり）	477	355	323
明治三陸（施設効果なし）	1893	852	696
昭和三陸（施設効果あり）	170	113	105
昭和三陸（施設効果なし）	665	759	419
想定宮城沖（施設効果あり）	247	459	846
想定宮城沖（施設効果なし）	1697	796	679

岩手県（2004）より抜粋

表2　陸前高田市の人的被害（死者数）の被害想定（単位：人）

	明治三陸	昭和三陸	想定宮城
冬夜間・施設効果あり・避難所要35分	0	0	2
夏昼間・施設効果あり・避難所要35分	0	0	57
冬夜間・施設効果あり・避難所要40分	9	0	5
夏昼間・施設効果あり・避難所要40分	68	14	289
冬夜間・施設効果なし・避難所要35分	0	0	14
夏昼間・施設効果なし・避難所要35分	0	0	74
冬夜間・施設効果なし・避難所要40分	22	0	26
夏昼間・施設効果なし・避難所要40分	78	11	315

岩手県（2004）より抜粋

参考文献

岩手県：岩手県地震・津波シミュレーション及び被害想定調査に関する報告書（概要版）, http://www.pref.iwate.jp/%7Ehp010801/tsunami/yosokuzu/houkokusyo.pdf, 2004.

【解説】

被害想定に関する資料は，ハザードマップなどと異なり，量的にも大きな資料になっていることが少なくない．ダイジェスト版があわせて公開されている場合，それを参照するだけでもよい．もっとも，この作例で挙げている被害想定は，「概要版」ではあるが191ページに及ぶ資料となっている．被害想定の場合，想定外力や，それに伴って生じる被害をどのように推定しているかについて，あるいはどのような資料をもとにしているかなど，前提を明確に示す必要があるので，資料の量が大きくなりがちである．専門外の場合読み込むのは大変かもしれないが，専門用語など詳細に理解できなくてもよいので，一通りは目を通しておいた方がよい．

この作例では，公表されている被害想定をもとに，まず津波による被害を挙げ，次に地震による被害について触れている．被害にもさまざまなものがあるが，代表的な被害として，人的被害，家屋被害を挙げた．利用した資料では，数値データは市町村単位で挙げられ，このほかに分布図が示されている．このため，量的な情報については陸前高田市全体の値を挙げ，分布図をもとに気仙町地区にかかわる情報も挙げる形で記述した．もっと細かな地区単位の被害想定が整備・公表されている場合もあるが，すでに述べたようにハザードマップ的情報と同様，細かく読みすぎる（町内会単位での被害を読み取るなど）ことは適切ではない．ここで記述したように，市町村内での相対的な関係を述べるくらいが妥当なところかと思われる．

5

現地で調べる

この章で 身につくテクニック

- □ 防災のための地形図の使い方の基礎がわかる
- □ 現地で「見る」,「撮る」方法がわかる
- □ 現地で話を「聞き」,「記録する」方法がわかる

これまでの章では，対象地域に実際に足を踏み入れる前に実施することができる，文献調査・事前調査的な事項を挙げてきた．本章では，文献調査等を踏まえて，現地で行う調査に関して紹介する．どのような種類の防災，災害調査においても，現地調査をしないことは考えられない．ただし，「現場を踏む」ことを偏重するのも適切でなく，現地調査だけで完結するものではない．現地調査を経て，さらに文献調査を深める必要があり，文献調査と現地調査は相互補完的な関係にある．

5.1　地形図の活用と注意事項

5.1.1　地形図の入手と基礎事項

地図を使った調査は，事前調査，現地調査の双方に深く関係するので，本章で取り上げた．なお，本節では個別事項ごとに例を挙げるので，「演習」，「作例」は省略する．

地図にもさまざまなものがあるが，日本国内での専門的な調査に用いるのは，国土地理院が発行している地形図を利用することが一般的である．全国をカバーしているのは，1:25000 地形図，1:50000 地形図，1:200000 地勢図（ちせいず）である．市町村全体を把握するような場面では 1:50000 地形図が有用であり，それぞれの集落に着目する場合は 1:25000 地形図が使いやすい．

集落内の建物 1 棟ごとの形や，密集地内の小道など，詳細な情報が必要な場合は地形図だけでは読み取りができない．このようなときは，市町村が作成・発行している 1:2500 地図をつかう．市町村作成の 1:2500 地図は，すべての市町村で作成されているわけではなく，作成されていても市街地に限定される場合もある．一般書店にはなく，市町村役場内で入手する．呼称はさまざまで，問い合わせる際に多少苦労するが，「白図（はくず）」，「白（はく）地図」，「管内（かんない）図」，「都市計画図」，「基本図」などの言葉を使えば，どれかでわかってもらえるだろう．

地形図は紙に印刷されたものを入手するのが原則である．主要な書店に行けば，その県内の地形図が販売されている．地形図の購入方法については，国土地理院の Web を参照して欲しい．

国土地理院　地図・空中写真等の刊行物
http://www.gsi.go.jp/MAP/index.html

時間がなくて紙地図が入手できないような場合は，Web 上から地形図を閲覧することができる．

地図閲覧サービス（ウォッちず）
http://watchizu.gsi.go.jp/

から閲覧できる．カシミールから地図閲覧サービスを利用することもでき，複数の図幅にまたがった地域をみる場合や，印刷をしたい場合にはこの方が便利である．また，

電子国土ポータル
http://portal.cyberjapan.jp/

では，市街地のみではあるが，地図閲覧サービスよりもさらに詳しい 1:2500 相当の地図や，空中写真の閲覧もできる．電子国土ポータルへは，地図閲覧サービスで表示される地図のページ内からもリンクが張られている．

地形図は，地域によっても異なるがおおむね5年〜10年程度に1回の割合で更新されている．以前の版の地形図は「旧版地形図」などと呼ばれる．旧版地形図は書店で購入することはできないが，国土地理院には保管されており，国土地理院と各地の地方測量部に行けば閲覧，複写（1枚500円）できる．また，現物を確認することはできないが，図幅名，発行年月日などを指定すれば，国土地理院から郵送で取り寄せることもできる．これについては，下記を参照して欲しい．

2万5千分1地形図，5万1地形図，20万分1地勢図図歴
http://www.gsi.go.jp/MAP/HISTORY/5-25/index5-25.html

旧版地形図を最も簡単に参照するためには，第1章でも紹介した朝倉書店から刊行されている「日本図誌体系」シリーズ（全12冊）が便利である．明治末期から1970年代頃までの複数の地形図と簡単な解説が並べて収録されており，対象地域は平成の合併以前の市または町の中心街のほとんどと考えて差し支えない．市立図書館クラスの図書館であればたいてい所蔵しており，閲覧が容易な点も魅力である．

また，ゼンリンが発行している住宅地図も有用である．住宅地図は，道の形や地形が，地形図などに比べるとややラフだが，建物名が明記されているなどの利便性がある．住宅地図はきわめて高価だが，県立図書館などにはその県内の住宅地図が所蔵されている．有料だが，ネット上で閲覧・ダウンロードすることもできる．

@nifty ゼンリン住宅地図サービス
http://www.nifty.com/zenrin/

ここでの価格はA4判で1枚525円となっている．ただし，A4に

入る範囲は約 371m × 494m と，かなり狭い．ちなみに GoogleMap で使われている地図は，実際にはゼンリンが調製した地図である．したがって，拡大すれば建物 1 棟ごとの形まで読み取れるので，住宅地図の代わりになる．ただし，建物名などは最低限しか収録されていない．

地形図から何らかの情報を読み取ることを「読図（どくず）」という．読図は大変奥が深く，熟練するとさまざまなことが読み取れるという（著者自身その域に達していないが）．地形図そのものについての知識や，読図についての基礎知識は，災害調査においてもきわめて重要な知識であるが，既存のテキストがいくつか存在するのでここでは詳しく触れない．テキストの例を挙げると，鈴木（1997），井上・向山（2007），村越・宮内（2007）などがある．特に日本地図センター（2005）は地形図の利用に関する基礎的なテキストとして有用である．特に，同書の「III　1　整飾と地図記号」，「IV　2　図上計測」，「IV　4　地形図利用のいろいろ」などを参照して欲しい．

5.1.2　旧版地形図を使ううえでの注意

旧版地形図は災害関連の調査において大変有用な資料であるが，いくつかの基本的な性質を知っておく必要がある．

わが国において，統一規格による地形図の全国的整備が最初に完了したのは，明治末期である．この時点では，1:50000 地形図で全国が網羅された．その後図幅ごとに順次更新が進められ，最初の大きな修正は昭和一桁頃に行われたところが多くなっている．第二次大戦前後には修正が滞り，戦後になっても，昭和一桁頃に作成された図に鉄道等の補入や地名，施設名の変更など最低限の修正のみを行った図が発行される形態が，昭和 30 年代まで続いた．昭和 30 年代からは，空中写真を利用した新しい地形図が作成され

表 5-1　1:50000 地形図「三条」の図歴

リスト番号	図　歴	発行年月日
81-3- 1*	明 44 測図	T03 / 05 / 30
81-3- 2*	明 44 測図	T03 / 08 / 30
81-3- 3*	大 2　鉄補	T08 / 11 / 30
81-3- 4*	大 14 鉄補	S03 / 02 / 28
81-3- 5*	昭 4 鉄補	S06 / 06 / 30
81-3- 6*	昭 6　修正	S09 / 05 / 30
81-3- 7*	昭 6　修正	S22 / 03 / 30
81-3- 8*	昭 22 資修	S22 / 10 / 30
81-3- 9	欠	
81-3- 10*	昭 27 応修	S27 / 11 / 30
81-3- 11*	昭 27 応修	S29 / 10 / 30
81-3- 12*	昭 27 応修	S33 / 10 / 30
81-3- 13	昭 44 編集	S46 / 04 / 30
81-3- 14AB	昭 49 修正	S49 / 11 / 30
81-3- 15	昭 56 修正	S58 / 01 / 30
81-3- 16	昭 63 修正	H01/ 12 / 01
81-3- 17	平 7　修正	H08/ 01 / 01
81-3- 17B	平 7　修正	H08/ 01 / 01
81-3- 18	平 19 修正	H20/ 04 / 01

＊　: 一色刷．他は多色刷．

測図 : 地形図のなかった区域を測量して地形図を初めて作成すること．

鉄補 : 鉄道を補入すること．

修正 : 修正測量の略．時代の変化に対応して，空中写真や現地調査を元に変化した部分を地図の全範囲について修正すること．

資修 : 資料修正の略．市町村の合併や鉄道の新設など，比較的大きな変化のあった場合，その項目だけを官報や関係機関からの資料だけで修正すること．現地調査は行ってない場合が多く，特定の項目しか修正していない．

応修：応急修正の略．基本測量長期計画に定められた定期修正時以外の時期に行う．戦争によって現状にあわなくなった地形図を，昭和 23 年から 28 年にかけて，米軍が撮影した空中写真等を利用して応急修正を施した．在来の地図に色を変えて加刷され発行された図もある．

改測 : 地形図の修正回数が多くなった場合，あるいは修正量が多い場合に全内容を改めて測量すること．

るようになった．これ以降の地形図は，以前の地形図と比べ，特に山間部では地形が大きく変わっていることが少なくない．また，1:25000 地形図は，都市周辺では戦前から整備が進められてきたが，山間部も含めた全国的な整備が進められたのは昭和 40 年代頃以降である．

表 5-1 に地形図の図歴の例を示す．リスト番号右端の 1 ～ 2 が最初に作成された図，6 が昭和初期に大きく修正された図，8 ～ 12 は 6 をもとに応急的に修正された図，13 以降が空中写真をもとにして作成された図である．この表をみて気がつくように，修正などの作業が行われた年と，発行された年は一致していないことが多い．また，地形図に表記されている情報は，特定年月日の状態を再現しているものではない．たとえば，地形は空中写真を撮影した日の状態を表し，道路はその後に開通したものも記入されているといったことは珍しくない．

旧版地形図を利用する際には，まずその地形図がいつ発行されたものであるかを確認し，報告書などに記載する際にも発行年などを明示する必要がある．また，記載されている情報が，発行年月日時点のものではないことにも注意が必要である．特に，戦前の図が使い続けられていた昭和 30 年代頃までの一色刷の図に示された地域の姿は，発行年よりかなり古い時代の姿である可能性もある．

旧版地形図は，調査対象地域の昔の姿を知るための有力な情報源であることは間違いない．しかし，地形図から得られる「地域の変貌」は，あくまでも，明治末期以降の 100 年程度の変貌である．人にとっての 100 年は長い時間であるが，自然にとってはほんの一瞬に過ぎない．わずか 100 年前の姿を「この地域の昔の姿」として固定的に理解，説明することはきわめて不適切である．

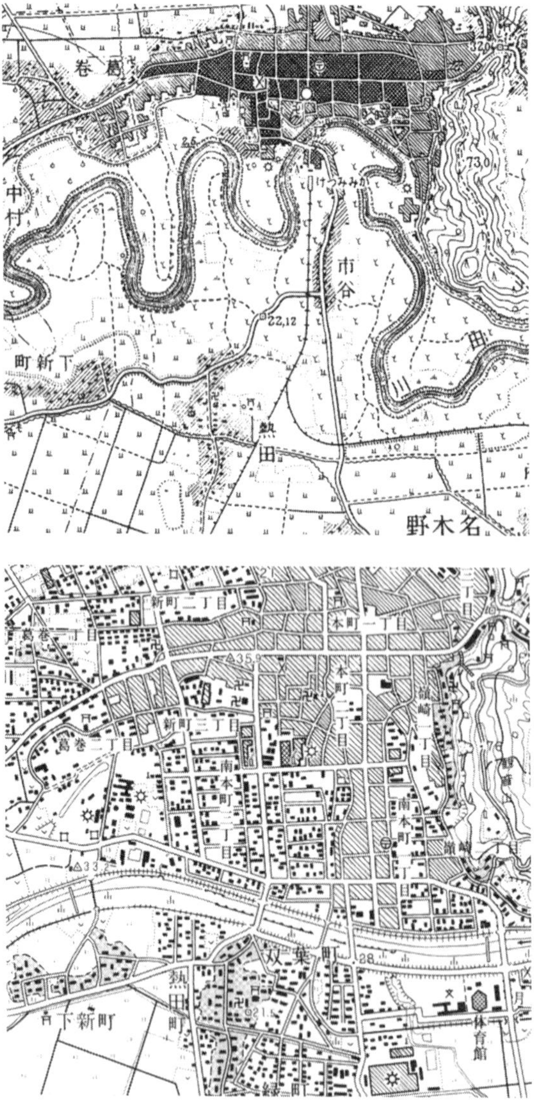

図 **5-1**　新潟県見附市街地付近
1:25000 地形図「見附」．上は昭和 8 年発行，下は平成 15 年発行．

一例を挙げよう．図 5-1 は新潟県見附市の市街地付近の地形図である．昭和 8 年の図では川（刈谷田川）が市街地の南部を蛇行して流れているが，平成 15 年の図では東西方向に直線的に流れている．すなわち，現在市街地になっている地域でも，数十年前には川だった場所があり，このような地域では浸水，地震時の強い揺れや液状化などに注意が必要であると読み取れる．いうなれば，市街地のなかにやや高いところとやや低いところが混在し，まだら状に脆弱な場所があることがこの地域の特色であり（写真 5-1），防災上の留意点でもある．

しかし，「その他の場所は安定した土地」などと理解することは明確に「間違い」である．地形図からもほぼ一目瞭然であるが，刈谷田川南側の水田地帯は「低地」であり，地形分類図では「三角州」と分類されている．したがって，浸水や地震に対する脆弱性がある

写真 5-1　見附市街地にみられる明瞭な高低差
見附市嶺崎 1 丁目付近．手前が旧河道側．

という意味では，地形図から読み取れる「ごく新しい旧河道」と全く変わらない．

現に平成 16 年新潟・福島豪雨の際には，これらの水田付近は激しい洪水被害を受けている（写真 5-2）．旧河道の位置という情報はわかりやすく，印象に残りやすいが，「旧河道だけが危険な場所でその周囲は安全」という誤解を生む危険性もある．

写真 5-2　平成 **16** 年新潟・福島豪雨で浸水した見附市内
図 5-1 右下「名木野町」の工場南側の水田．ピーク時よりは 2m 以上水位が下がった状態．2004 年 7 月 15 日撮影．

5.2　現地踏査

5.2.1　現地で見るべきもの

これまでに紹介したような資料調査を行ったうえで，現地踏査（現地調査）を行う．災害発生直後の調査では，時間的にも十分な資料が得られない可能性があるが，地図や地名辞典，新聞記事など，たとえわずかでもよいので資料調査を行ってから現地に赴いたほうが，より有益な結果を得られる．逆に，現地踏査「だけ」をもとにして，経験談をまとめるといった調査も適切ではない．現場を踏むことはきわめて重要であるが，現場での観察，測定等と，各種の資料調査の双方を行って結果を整理することが，分野を問わず専門的な調査と呼べる営みである．

現地踏査で行うべき最も重要なことは，対象地区がどのような場所であるのかを，自分自身の目や耳で理解する（大まかな土地勘を持つ）ことである．資料調査で得た知識をもとに，特徴的な地形，施設，場所をまず確認する．また，公的施設，寺社，商業施設など，地域のランドマーク的な施設の位置や外観を確認しておくとよい．これは，さまざまな資料のなかにも登場してくることがあるほか，聞き取り調査や住民との意見交換などの際に，相手との会話をスムースに行ううえでも役立つ．このような目的を考えると，現地での移動はなるべく徒歩で行う方がよい．

現地踏査では，見聞きするだけでなく，さまざまな施設を訪ね，広い意味での資料収集をすることも重要である．訪問すると有益な施設としては，市町村役場，観光案内所，図書館，博物館などが挙げられる．「資料」とはパンフレット，地図，郷土出版物などで，集め方の方針としては「その場所にいれば簡単に手に入るが，他地域では入手困難なもの」を優先して入手することになる．特に図書館は重要な立ち寄り先であり，時間的な制約が厳しい災害調査の際にも，短時間でよいから立ち寄りたいところである．

図書館では，郷土資料の棚を閲覧する．この場合も，「その場所でしか目にすることができなさそうな資料」を優先的に閲覧する．時間がない場合は，資料の名称をメモするだけでもよい．現在では，電子的な資料の整備が進んでいるほか，図書館を通じての相互貸借の使い勝手の向上など，かならずしも現地に行かなければ資料集めができないという状況下ではない．現地の図書館に立ち寄るメリットは，対象地域に関する資料がまとめて置いてあることであり，たとえ短時間の訪問であっても，非常に効率的に資料を探索することができる．

なお，小規模な自治体では「図書館」という名称の施設が存在しない（電話帳にも載っていない）こともある．このような場合もあきらめず，役所などで尋ねてみるとよい．「図書館」はないが，「図書室」ならあることもある．また，市町村役場，県庁などの一角に，「資料室」，「情報センター」などの名称で，行政資料を中心とした図書室のような施設が設置されていることがある．このような施設では，資料の閲覧のほか，印刷物を入手することができる場合もある．写真 5-3 は，

写真 5-3　仙台市太白区情報センター
2002 年 2 月撮影．

宮城県仙台市でみかけた「仙台市太白区情報センター」だが，同市太白区役所内にある小さな図書室のような施設で，仙台関係の行政資料が所蔵されている．また，仙台市防災マップなど，防災関係の資料も無料で入手することができた．

5.2.2　写真で記録する

いうまでもないかもしれないが，現地踏査で見聞きしたことは何らかの記録に残さなければならない．明日の自分は他人であり，記憶は当てにならない．自明と思われるようなことでも記録に残すことが賢明である．「記録」の媒体は紙，写真，映像（動画），音声記録, 電子ファイルなどさまざまである．どのような媒体を使うかは，ケースバイケースで，基本的には調査者の使いやすい媒体を使えばよい．

防災, 災害に関わる現地調査で最も主要な記録媒体は写真だろう．写真撮影は過剰だと思えるくらい多くしておく方がよい．現地では多くのものを見たつもりでいたのに，映像に残っていなかった，ということがしばしばあるためである．筆者の場合，災害直後の現地調査では，1 日あたり 200 枚程度の撮影を行っている．どのようなカメラがよいかは，調査目的や，調査者の慣れなどによるので一概にはいえない．筆者の場合は，極力小型軽量で，手ぶれ防止機能に優れたものがよいと思っている．工事現場用の防水・防塵性に優れたものも魅力があるが，おおむね大きくなってしまうので筆者は使用したことがない．通常のカメラも筆者の経験ではそう簡単には故障しないと思うが，最も可能性があるとすれば落下による破損，水没であろう．これに対しては，カメラにストラップをつけて首からかけておけばおおむね防ぐことができる．また，筆者は最も単純確実な故障対策として，予備のカメラを携行している．

写真を撮る際には，なるべく1枚の写真には一つの主題を入れる方針で撮影する．「一つの物体」ではなく「一つの主題」である．その写真で何を記録したいのか，目的を明確にするということである．たとえば付近一帯の雰囲気という「主題」を撮りたいのであればさまざまなものが1枚に入った方がむしろいいことになる．しかし，相互に脈絡のない，ある建物と石碑が近くにあるからといって，それらを無理に1枚の写真に写し込むようなことはしない方がいい．それぞれが小さくなり，資料として使えなくなることが懸念されるからである．

なんらかの「大きさ」（高さ，幅，長さなど）に関する情報が必要な主題を撮影するときは，なるべくスケールを同時に写し込む．よく使われるのは測量用の赤白ポールであり，小さいものの場合は，野帳，ボールペンなども使われる．手頃なものがない場合は，人物でもよいし，ガードレール，電柱など，どこでも同じサイズのものを利用してもよい．赤白ポールは便利だが，伸縮式の短いものでも長さ60cm程度になり，特に公共交通機関で移動する場合には携行が不便である．ポールの手頃な代用品としては，折尺（おりじゃく）がある．特にグラスファイバー製の折尺は結合部がロックできるようになっており，伸ばすと1mの直線の棒になる．折尺の片面を塗料で20cmごとに赤と白で塗り分けておけばポール代用品になる．もう一方の面はそのままなので，通常の定規としても使える．

写真5-4は，2008年の岩手・宮城内陸地震が発生した際，地震の約3時間後に現地踏査している途中で撮影した写真である．(A)ではまず道路の亀裂を撮影している．スケールとして置いてあるのが，上で説明した赤白に塗ったグラスファイバー製折尺で，亀裂が白色一目盛り分くらいであることから，20cm程度の亀裂とわかる．しかし，この写真だけでは「道路の亀裂」の記録にしかならないの

(A)

(B)

(C)

写真 5-4　平成 **20** 年岩手・宮城内陸地震によって生じた道路の亀裂
2008 年 6 月 14 日撮影.
岩手県金ヶ崎町.

で，周囲も含めて撮ろうとしたのが（B）である．しかし，この写真は画面のほとんどが道路面で占められて，「周囲」を表す情報が少なすぎる．さらに，左手にあやしげな池があり，この付近だけコンクリート擁壁があることから，「池に盛土（もりど）した部分が沈下したのではないか ?」という気もしてきた．そこでもう少し撮影位置を下げて撮った写真が（C）である．

結局，この現場の情報を記録する写真としては，亀裂そのものを拡大した（A）と，「周囲」を記録した（C）の 2 枚が必要だったことになる．（B）が主題不明確で中途半端な写真である．デジカメ時代になってからは，撮影枚数を気にする必要はなくなったので，ちょっと失敗したと思ったらどんどん撮影し直していけばよい．ただし，失敗だと思った写真でも現場ですぐ消す必要はない．後で思いがけない情報が含まれていることに気がつくかもしれないからである．

5.2.3 写真と GPS・緯度経度情報

現地調査で写真撮影した際には，その写真をどこで撮影したかを記録することが重要である．現在は，GPS を携行することによってこの作業を完全に自動化することが可能になった．一般に GPS は，ON になっていれば自動的にトラックログと呼ばれる位置情報の記録を残している．記録されるデータは，位置（緯度経度），標高，時刻などである．一般的な画像ファイルである JPG ファイルには，Exif 情報といって，撮影時刻をはじめさまざまな情報を書き込むための領域があり，そのなかに緯度経度などの位置情報を書き込むフィールドが用意されている．

すでに何度か紹介している地図ソフトカシミール 3D に，デジカメプラグインを追加すると，JPG ファイルの撮影時刻と，トラックログの位置・時刻情報を合成し，それぞれの画像が撮影した位置を推定し，JPG ファイルの位置情報フィールドに緯度経度を書き込むことができる．具体的な方法は，杉本（2002），山崎（2006）などを参照して欲しい．また，デジカメプラグインのオンラインマニュアル（http://www.kashmir3d.com/digicam/doc/index.html）も参考になる．

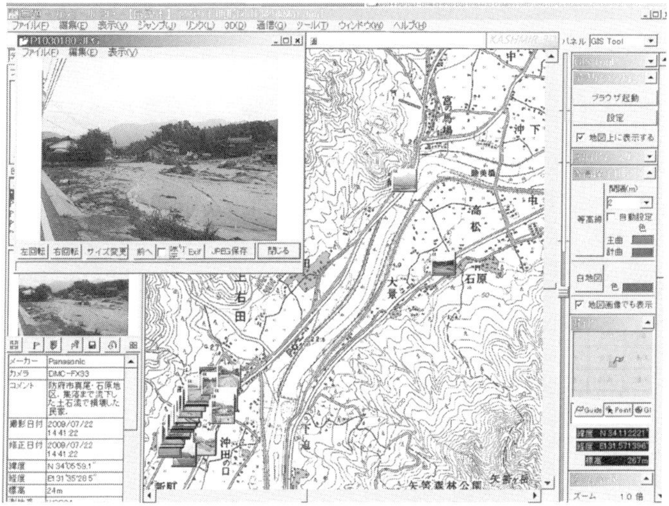

図 **5-2**　カシミール **3D** でのトラックログと撮影位置推定した写真の表示例

なお，近年では GPS 内蔵のデジカメがかなり安くなってきたが，カメラのスイッチを入れてから，測位（位置情報の取得）までに時間がかかり，たとえば移動中の撮影には向かないことも多いので注意が必要である．

なお，緯度経度には複数の定義があり，同一地点であっても定義が異なれば別の値となる．現在一般的に用いられているのは「世界測地系」（WGS84 と表記されることもある）という定義で，GPS に表示される緯度経度も，特に設定を変更してなければ世界測地系による値である．ただし，日本では 2002 年まで「日本測地系」と呼ばれる定義が用いられていた．日本測地系と世界測地系による緯度経度の値はかなり差が生じ，その差は地域によっても異なる．たとえば，日本測地系の緯度経度で表されている地点を世界測地系で表すと，東京付近では，北西方向へ約 450 m ずれてしまう（国土地理院，2002）．2002年以前に刊行された地形図，各種資料で用いられている緯度経度情報は日本測地系で表記されていることが一般的なので，注意が必要である．日本測地系と世界測地系の緯度経度情報を相互に変換する場合は，国土地理院が用意している，

Web版 TKY2JGD

http://vldb.gsi.go.jp/sokuchi/tky2jgd/

を用いれば簡単に計算できる．

5.3　聞き取り調査

5.3.1　基本的な留意事項

災害調査のさまざまな場面で，「聞き取り調査」を行う必要性が生じる（聴取調査，ヒアリングなどともいう）．なお，ここでいう聞き取り調査とは，調査者が人と直接面談し，相手や状況によって質問内容を変えて調査を行う方式（非指示的面接法）を指す．あらかじめ決められた調査票の順序・内容に厳密に従って調査員が人と面接して行う「指示的面接法」とは，留意事項，方法が全く異なるので注意して欲しい．

聞き取り調査は簡単で誰にでもすぐにできると思われがちだが，さまざまな落とし穴もある．他の「調査手法」と同様に，基礎的な学習や準備が必要である．

聞き取り調査に関しては，いくつかの参考書があり，佐藤（2002），原・海野（2004），大谷ら（2005）などが参考になる．以下では随

所で佐藤（2002）を引用する．同書はやや厚い本だが，聞き取り調査を行いたいと考えている人は，ぜひ一度通読することをおすすめする．

災害に関する聞き取り調査ではさまざまな留意事項があるが，最も基本的なことは，相手が答えたくないことは無理に聞き出そうとせず，相手に不快感を与えないよう努めることだろう．聞き取り調査は，される側からすると基本的に「迷惑な行為」である．あくまでも，先方の好意によって対応していただいているものであり，相手に対する感謝の気持ちを忘れてはいけない．「これこれについて聞くように指示されたから」とか，「これこれについては必ず聞かなければならないと教わったから」などという理由で，かたくなに手順通りの聞き取りをするのは絶対に避けるべき行動である．聞き取り調査で最も重要なことは，相手との信頼関係（ラポール：rapport）を形成することである．

また，聞き取り調査は議論の場ではない．賛成できない意見を聞かされても反論などしてはいけない．こちらがよく知っていることでも，相手の話は誠実に聞く．自分の知識を披露したり，相手を「教育」するといった態度もよくない．人を相手にした調査において，調査者は，何か社会的に重要な使命を帯びているとか，調査に協力するのは当たり前だといったような考え方はけっして抱いてはならない．

人と接するときの「マナー」「礼儀」はそもそも多様なものであり，相手の属する組織，世代，社会などによって異なり，置かれた状況によっても異なる．聞き取り調査にあたっては，特定の種類の「マナー」や「礼儀」を相手に押しつけてはいけない．

災害に関わる話題は，微妙な話題に触れる場合もある．自分の世界の「マナー」や「礼儀」に従っているつもりでいても，ちょっとしたことで罵声を浴びることは珍しくないし，まれではあるが暴力をふるわれることもある．相手の反応を十分観察し，細心の注意を払って行動する必要がある．その意味で，「元気がいい」ことも聞き取り調査ではほめられる行為ではない．好感を持つ人もいるかもしれないが，「うるさい，うっとうしい」と感じる人もいる．

無論，相手に聞こえないような話し方も適切ではない．相手の状況や話し方に合わせて，冷静に接することが重要である．

聞き取りをするときは，たとえ相手が理不尽だと思っても丁寧に接し，丁寧に謝るしかない．どのように丁寧に接しても攻撃的な反応を受ける場合もあり，状況をさらに悪化させないようにその場を立ち去ることも必要である．

5.3.2 現場で作成するメモ

災害調査に関連して，聞き取り調査が行われる場面としては，以下のようなケースが挙げられる．

A）公的機関や企業などを訪ね，1 人または複数の担当者から話を聞く．質問事項は事前にある程度用意し，先方にも伝えておくが，質問の順番を決めておくなどはせず，予定外の話も聞くことが普通．

B）災害現場などで，通りがかりの人などに立ち話的に話を聞く．質問事項はおよその方針を用意しておく場合もあるが，特に方針を立てない方が予想外の話を聞ける場合もある

C）何らかの会合での討論の内容を記録する．記録者から何らかの質問をすることはない．

いずれの場合も，話を聞いているときに何らかのメモをとり，その後に清書版の記録を作るという方法で行う．佐藤（2002）の p.273 の言葉で言えば，現場で「聞き取りメモ」を作成し，それを「聞き取り記録」として清書して残すことになる．

「聞き取りメモ」作成の方法，注意事項については佐藤（2002）が大変参考になる．基本的に聞き取りメモは，手で野帳に書く．IC レコーダでの録音はさまざまな問題があり，本書で想定する調査の場面では推奨しない．特に必要があってどうしても録音する場合は必ず先方の合意を得る．メモを取るだけでも話をスムースに聞けなくなる場合も珍しくないので，特に立ち話や，短時間のやりとりのときはその場ではメモを取らず，話し終えてすぐに他の場所でメモをするといった工夫も必要である．

5.3.3 聞き取り内容の清書

聞き取りメモはなるべく早い時期に清書して「聞き取り記録」とする．この作成方法についても，佐藤（2002）を参考にする．同書にもあるように，聞き取りを行った当日中など，可能な限り早い時期に作成することが鉄則である．また，「聞き取り記録」には調査者の意見，感想，推測，印象などを入れてはいけない．覚書としてこれらの情報を記録したい場合は，「聞き取り相手が述べたこと」と「調査者の意見・推測など」を明確に分けて記録する．

聞き取り記録の様式は，佐藤（2002）の文例 5・3 が参考になる．この通りにそっくりまねをする必要はなく，その調査の必要に応じて変えてよい（一つのルールだけを暗記しない）．本書で想定する調査において，聞き取った「内容」そのもの以外に記録から漏らすと支障がある情報としては，下記が挙げられる．

●聞き取りを行った年月日

➢ 後年になって野帳を見直す場合もあり，月日のみでは年がわからなくなってしまうことがある．必ず年まで入れる．

●聞き取りを行った場所

➢ 施設名，住所など．

●聞き取りの相手の個人属性

➢ 氏名や肩書きなど．ただし，相手が「町内会長」のような場合にその人の「職業上の肩書き」を無理に聞き出す必要はない．街頭での立ち話のような場合は，外見から判断した性別や年齢などで十分で，名前を聞き出す必要は全くない．この場合，付近の住民か（外来者ではないか），何年くらいここに住んでいるかなどがわかれば有益だが，無理に聞き出す必要はない．また，聞いておきたい個人属性は調査の目的によっても異なる．会合記録の場合は同じ者の発言か，他の者の発言かが区別できればよい．肩書きがわかる者については肩書きのみ（総務課長，町内会長等）でよいし，一般参加者についてはA,Bなどの記号でよい．会議後に氏名を無理に聞き出す必要はない．

佐藤（2002）は，「聞き取り記録を清書するときには<中略>，箇条書きではなく，ストーリー性をもった一続きの文章にしておく必要がある」といっている．ここで否定的に扱われている「箇条書き」とは，文例4・6のような，短文や単語の羅列で構成されたタイプの文書を指しているものと思われる．「･」などの記号で始まる「箇条書き形式の文章」が「聞き取り記録」としてすべて不適当というわけではない．たとえば，文例5・3の「内容の概要」は3～5行程度の短い段落で構成されているが，これらの段落の文頭に「・」

などの記号をつけて「箇条書き」にしても不自然ではない.

異なる内容についての記録であることを明示的に示すためには, 箇条書きは効果的である. 技術系の文書では「長い文章」が好まれないので, 箇条書きにした方がよい場合もある. 箇条書きというスタイルがすべてダメだ, と理解する必要はない.

5.3.4 調査票調査について

聞き取り調査と同様に人を対象とした調査法として, 調査票調査（アンケート調査）がある. 災害調査の場面でも調査票調査が行われる機会は多いが, この種の調査手法についてはテキストも多いので, 本書では詳述しない. 聞き取り調査についての冒頭で触れた, 指示式面接法は, 調査票調査の実施手法の一つである.

調査票調査に関しての参考図書としては, 前掲の原・海野（2004）, 大谷ら（2005）のほか, 辻・有馬（1987）, 谷岡（2000）などが挙げられる. 調査票調査の場合は, 数値データが得られることが多いので, データ処理に当たっては統計学の基礎知識が必要である. この分野も入門書が多いが, たとえば石村（1993）, 涌井・涌井（2003）などが参考になるだろう.

【演習】

特定の自治体で発生した災害について，役場の防災担当者に対する聞き取り調査を行いたい．調査の依頼，聞き取り調査を行い，結果を整理しなさい．

【作例】

×年 ×月 ×日

日之影町役場　総務課　◎◎●●　様

岩手県立大学総合政策学部

助教授　牛山　素行

〒020-0193　岩手県岩手郡滝沢村滝沢字巣子 152-52

ushiyama@ *******.ac.jp

Tel & Fax　019 - *** - ****

今回は，災害後のご多忙の折，当方の調査にご協力をいただきまして，誠にありがとうございます．本日電話にてお打ち合わせさせていただきましたが，下記の要領でお話を伺えればと考えております．現時点で可能な範囲内で結構ですので，よろしくお願いいたします．

1. 訪問日時

10 月 11 日（火）　16 時頃　所要時間 30 分程度

2. 訪問者

岩手県立大学総合政策学部助教授　牛山素行

同行者なし．当日の連絡先　090 - **** - ****.

3. お話しをお伺いしたい事項

・台風 14 号災害による町内の全壊家屋の位置（住所一覧，あるいは住宅地図に位置を示したものなどで結構です）

・全壊家屋世帯の居住者数，年齢構成など

・全壊家屋世帯の居住者の避難状況（当日の所在，避難の有無，時刻など）に関する情報

・災害当時（9 月 4 日～ 6 日）の貴役所における対応の記録

・避難の誘導や，住民の避難の状況

・災対本部の立ち上げ，避難勧告，自主避難の呼びかけなどを行う意志決定をした際の経緯（判断の参考にした情報，状況など）

・過去の災害経験

・ハザードマップの整備や，住民参加型防災ワークショップなどの実施状況

・[可能であれば] 避難誘導に当たられた方のお話し．避難誘導の行動記録など.

図 5-3　聞き取り調査依頼文の例

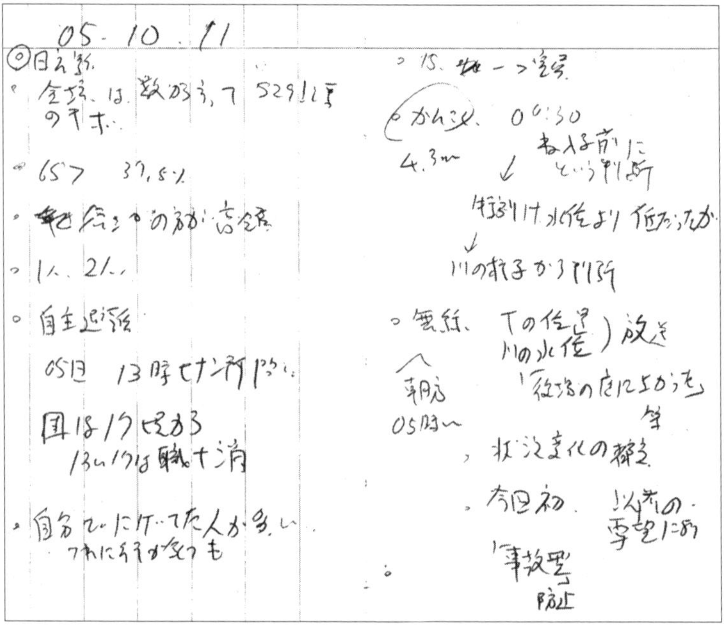

図 **5-4**　聞き取りメモの例

2005/10/11 日之影町役場

総務課長　●●●●，　総務課　補佐　●●●●，

消防団　●●●●

・全壊家屋数は，おそらく昭和 29 年災害の後では最大

・高齢化率 37.5%，谷集落の方が高齢化が進んでおり，単身，老夫婦が多い．

・5 日 13 時に避難所開設し（表参照），自主避難呼びかけ．消防団の活動は主に夕方から．仕事を持っているので．13 時からの昼間は，町職員 + 消防団で避難呼びかけを行ったような状況．

・ただ，自主避難を呼びかけた時点で，連れに行かなくても自分から，文字通り自主的に避難した人が多かった．

・避難勧告は 6 日 00:30．特別警戒水位よりは低かったが，水位上昇が続いていたこと，完全に寝てしまう時刻より前に勧告を出そうという判断で勧告を出した．この時点ですでに多くの人が避難（ppt 図）．

・防災無線は各戸受信機．避難勧告はこれでも流した．

・6 日早朝からは，状況変化に応じて随時放送していた．役場前の水位，役場付近の浸水状況，台風の位置など．このような内容を放送したのは今回が初めて．昨年の災害時の住民からの意見（各公民館活動出て体験など）を参考に，些細なことでも，役所に入った情報を流す方針に代えた．それ以前は，必要最小限の情報を流すものと考えていた．これによって，「自分で川の様子を見に行く」という行動をとる人が減ったと思う．昨年は停電もあり，テレビが映らないことがあった．防災無線は停電でも使える．

図 **5-5**　聞き取り記録の例

【解説】

図 5-3，図 5-4，図 5-5 は，筆者が災害調査の一部として行った聞き取り調査の依頼文，聞き取りメモ，聞き取り記録である．図 5-3 は調査対象の町役場に対し，事前に FAX で送った依頼文書を一部改変したものである．このときは，まず電話で聞き取りの可否について確認した上で，文書（FAX）で具体的な内容を伝えている．依頼書の書式は，一般的な対外的文書に準ずる．依頼者の所属，連絡先，訪問の日時，話を聞きたい内容などが記載すべき事項となる．調査当日は，役場の会議室のような場所で聞き取りを行ったが，その際，この依頼書を手元に置き，筆者自身の聞き取り時の資料としても利用した．ここでは，「話を聞きたい内容」を構築することが重要である．このあたりは，佐藤（2002）の p.248 付近が参考になる．

図 5-4 は聞き取りの際にとったメモの一部である．このときは，調査者は筆者一人で，話を聞きながら同時にメモをとっている．録音は行わなかった．その場限りの略語や，カタカナ，ひらがなが多用されているのがわかる．状況に応じて，最も素早くメモをとるためのとっさの工夫である．このメモを元にして清書した聞き取り記録が図 5-5 である．ここでは，「文章にして箇条書き」という形式にしてある．このなかにも簡略に記録されている情報がある．たとえば，（表参照）とか（ppt 図）などとしてあるのは，本書では現物の提示を省略したが，聞き取り記録とは別に，役場からもらった印刷物資料があり，それらに関連情報が含まれていることを指している．

参考文献

原純輔・海野道郎：社会調査演習　第2版，東京大学出版会，2004.
井上公夫・向山栄：建設技術者のための地形図判読演習帳　初・中級編，古今書院，2007.
石村貞夫：すぐわかる統計解析，東京図書，1993.
国土地理院：世界測地系移行の概要，http://www.gsi.go.jp/LAW/G2000-g2000.htm，2002.
村越真・宮内佐季子：最新読図ワークブック，山と渓谷社，2007.
日本地図センター編：五訂版　地形図の手引き，日本地図センター，2005.
大谷信介・後藤範章・永野武・木下栄二：社会調査へのアプローチ ―論理と方法　第2版，ミネルヴァ書房，2005.
佐藤郁哉：フィールドワークの技法，新曜社，2002.
杉本智彦：山と風景を楽しむ地図ナビゲータ カシミール3D GPS応用編，実業之日本社，2002.
鈴木隆介：建設技術者のための地形図読図入門　第1巻　読図の基礎，古今書院，1997.
谷岡一郎：社会調査のウソ，文芸春秋，2000.
辻新六・有馬昌宏：アンケート調査の方法，朝倉書店，1987.
山崎利夫：カシミール3DとGPS・GISを使ったオリジナルマップ作成講座，古今書院，2006.
涌井良幸・涌井貞美：Excelで学ぶ統計解析，ナツメ社，2003.

あとがき

2011年3月11日は，筆者にとって一生忘れることができない日になった．筆者は14時46分地震発生の瞬間を，出先から大学に戻ろうと車に乗り込んだところで迎えた．はじめは，車が少し揺れ，大型車でも通ったのかなと思った．しかし，その揺れは異様に長く続き，遠いところでかなり規模の大きな地震が起きたのではないかと気がつき，カーラジオのスイッチを入れた．番組はすでに地震報道に切り替わっており，宮城県で震度6強，すぐに震度7が伝えられ，さらに（後に大きな問題となる）大津波警報で宮城県6 m，岩手県・福島県で3 mが伝えられた．「6 m」が出たことで，これは想定宮城沖より大きなものが来たのではと思いつつ車を大学に向けて走らせた．その車中で，津波第一波として大船渡で0.2 mという観測値が報じられるのを聞いた．「だめだーっ，そんな小さい数字を伝えるなーっ」と車内で1人叫んだことを覚えている．大学に戻ってネット，テレビを見るが，最初は大きな動きは見えない．しかし，15時15分頃だったと思うが，NHKの映像で，見覚えのある岩手県釜石市の高架道路下の防潮堤を津波が軽々と乗り越えて市街地に遡上していくのが見え，想定宮城沖連動型どころではない，とてつもない事態が発生しつつあることを悟った．

筆者は2005～2009年の間，岩手県立大に在職していたが，当時から継続的に調査に入っていたフィールドが岩手県陸前高田市気仙町地区だった．この地区がいったいどうなったのかが気がかりだったが，当初は全く情報が無かった．しかし，12日未明になって陸前高田市中心部の低地が完全に津波に飲まれる動画がNHKで伝えられた．自分が偉そうに防災ワークショップなぞをやった集落，そこで確認した津波避難場所，それらが致命的な津波に襲われ，おそらく消滅したであろうことが想像され，結果的に自分は人の命を奪うことに荷担したのではないかと，眼前が暗くなる思いがした．発災後，最初に現地入りの機会を得たのは3月29日．真っ先に陸前高田市に向かった．気仙川沿いの道を南下し，竹駒駅付近から「そんな場所から見えるはずがない広田湾」が見えた時の気持ちは忘れられない．気仙町は，本当に「街」としては消滅していた．

本書は2011年1月頃，刊行に向けて本格的な作業に入っていた．しかし，そのさなかで東日本大震災を迎えた．これまでに経験したことがない規模の災害，それに伴う調査研究，多数の取材や照会への対応，無論，日常業務も減ることはない．本書の刊行に向けた作業は一時停滞せざるを得なかった．また，「演習」の「作例」として陸前高田市を取り上げていることも気にかかった．津波で文字通り消滅してしまった街．それを防災のためのテキストの作例として取り上げてよいものなのか，ためらわれた．

東日本大震災の死者・行方不明者は約1万9千人，明治以降の日本の自然災害としては関東大震災，明治三陸津波に次ぐ規模の人的被害であり，広域，巨大災害であることは間違いない．災害，防災に関わる実にさまざまな現象，問題が発生，確認された．しかしながら，たびたびの現地調査や，データ解析を通じて，この災害の外力や被害の規模が大きいことは間違いないが，災害や防災に関わる考え方，取り組み方，そこで生じる問題の基本的な構造は従来考えられてきたことから大きく逸脱していないと，筆者は考えるようになった．また，よく似た地域で発生した同様な災害である明治三陸津波の犠牲者のデータと見比べると，東日本大震災では，「津波の影響を受けた地域の人口に対する犠牲者の比率」が，明らかに下回っていることもわかってきた（牛山・横幕, 2012）. これは, 明治三陸津波以降に日本社会が取り組んできたさまざまな防災対策が, けっして無意味なものではなかったことを示唆している.

本書第1章でも述べたように, 自然災害は, 誘因が素因に作用して発生する. 誘因を事前に知ることは難しいが, 素因は災害前の平時に, 長い時間をかけて丁寧に理解することが可能である. その意味で, 地域防災に関するすべてのスタートラインはその地域の素因を知ることであり, その重要性は東日本大震災を経ても変わることはないと筆者は考える. このような営みは,「けっして無意味ではなかったさまざまな防災対策」のひとつではなかろうか. ならば, 本書の刊行を止めてはならないと思うようになり, 震災から約1年を経た2012年2月, 本書の再編集作業が始まった. 作例として岩手県陸前高田市を取り上げることについては, すでに震災被災地の災害前の姿を記録するさまざまな刊行物や, ネット上の資料整備が進んでいることもあり, むしろ失われた街の姿を後世に記録するという意義があるのではないかと考え, 原稿をほぼそのまま生かす形で収録することとした.

東日本大震災を経た現在, 日本において災害, 防災に対する関心は非常に高まっている. しかし, この状態が長くは続かないことも考えられる. 人の関心の高低とは関係なく, 自然災害は我々の前に姿を現してくる. 長く, 地道な取り組みが必要である. 本書が, その一助となれば幸いである.

引用文献

牛山素行・横幕早季：特集　東日本大震災と災害情報　人的被害の特徴, 災害情報, No.10, pp.7-13, 2012.

○お世話になったみなさま（順不同・肩書きは当時）

静岡大学理学部増田俊明教授（防災総合センター長），静岡大学防災総合センター横幕早季学術研究員，大類光平学術研究員，岩手県立大学総合政策学部阿部晃士准教授，篠木幹子准教授（現・中央大学），岩手県立大学総合政策学部地域政策学講座学生各位，首都大学東京松山洋准教授，岩手県総合防災室岩舘晋氏（当時），岩手県大船渡地方振興局，陸前高田市役所，陸前高田市今泉コミュニティ協議会，各被災地での聞き取り調査に応じていただいたみなさま，ふじのくに防災フェロー養成講座受講生各位，静岡大学防災総合センター関係者各位，静岡大学事務局関係各位，古今書院関秀明氏．

○研究推進にあたり利用させていただいた研究助成

- 平成17年度特別研究促進費，「2005年9月台風14号による水災害と土砂災害に関する調査研究」（研究代表者・善　功企）．
- 平成18～19年度京都大学防災研究所一般共同研究，「市町村合併に伴う地域防災システムの再構築に関する研究」（研究代表者・牛山素行）．
- 平成18年度社団法人東北建設協会共同研究，「防災ワークショップの効果検証と効果的実施に関する共同研究」（研究代表者・牛山素行）．
- 平成18～20年度科学研究費補助金　基盤研究（B），「降水レーダを用いた次世代土砂災害予警報システムの構築とその応用」（研究代表者・森山聡之）．
- 平成19～21年度科学研究費補助金　基盤研究（C）（一般），「災害情報による人的被害軽減効果に関する研究」（研究代表者・牛山素行）．
- 平成21～24年度科学研究費補助金　基盤研究（B）（一般），「接続可能な地域防災教育システムの構築に関する理論的検証と実践的レシピの提案」（研究代表者・矢守克也）．
- 平成21年度科学研究費補助金　特別研究促進費，「2009年7月中国・九州北部の豪雨による水・土砂災害発生と防災対策に関する研究」（研究代表者・羽田野袈裟義）．
- 平成22～26年度地球環境研究総合推進費　戦略研究プロジェクト構成研究課題，S-8-1（4）沿岸・防災リスクの推定と全国リスクマップ開発．
- 平成22～26年度科学技術戦略推進費地域再生人材創出拠点形成事業，「災害科学的基礎を持った防災実務者の養成」．

索　引

な行

は行

や行

ら行

著者紹介

牛山 素行　　うしやま もとゆき

1968 年長野県生まれ．信州大学農学部森林工学科卒業，岐阜大学大学院連合農学研究科博士課程（信州大学配置）修了．岐阜大学博士（農学），京都大学博士（工学）．
中央防災会議専門委員（内閣府），避難勧告等の判断・伝達マニュアル作成ガイドラインの検討会委員（内閣府），防災スペシャリスト養成研修企画検討会委員（内閣府），防災気象情報の改善に関する検討会委員（気象庁），土砂災害対策の強化に向けた検討会委員（国土交通省），袋井市津波被害軽減対策検討会委員長，広島市 8.20 豪雨災害における避難対策等検証会委員，陸前高田市東日本大震災検証委員会委員，日本自然災害学会理事などを歴任．平成 15 年度日本自然災害学会学術賞受賞，2009 年度日本災害情報学会廣井賞（学術的功績分野）受賞．
東京都立大学理学部客員研究員，京都大学防災研究所助手，東北大学大学院工学研究科附属災害制御研究センター講師，岩手県立大学総合政策学部准教授などを経て，現在，静岡大学防災総合センター教授．
専門分野は豪雨災害を中心とした自然災害科学，災害情報学．http://disaster-i.net

書　名	**防災に役立つ　地域の調べ方講座**
コード	ISBN978-4-7722-7115-8　C3044
発行日	2012（平成 24）年 11 月 21 日　初版 第 1 刷発行 2015（平成 27）年　3 月　1 日　初版 第 2 刷発行
著　者	**牛山素行** Copyright　©2012　Motoyuki Ushiyama
発行者	株式会社 古今書院　　橋本寿資
印刷所	株式会社 理想社
製本所	株式会社 理想社
発行所	**古今書院**　　〒 101-0062　東京都千代田区神田駿河台 2-10
電　話	03-3291-2757
F A X	03-3233-0303
振　替	00100-8-35340
ﾎｰﾑﾍﾟｰｼﾞ	http://www.kokon.co.jp/

検印省略・Printed in Japan

豪雨の災害情報学　増補版

牛山素行 著　A5判　202ページ　3600円（税別）2012年刊

1999年以降，日本で生じた重要な豪雨災害を例に，防災対策の成功・失敗を学び，災害情報活用の要点を説く。重版第2刷刊行にあたり，2008年の初版刊行以降の全国の豪雨災害事例および東日本大震災をとりあげ，災害情報と防災をめぐる課題を増補した。

［紹介事例］　調べてみたら未曾有の災害ではなかった1999年6月広島豪雨／インターネット時代初の災害2002年台風6号豪雨／リアルタイム雨量・水位情報を活用して実際に被害を軽減した2003年7月九州豪雨／情報による人的被害の軽減量を初めて筆者が検討した2004年台風23号豪雨／早期避難により人的被害をゼロにしたことが明確に確認できた2005年台風14号豪雨。

［増補事例］　豪雨災害時の人的被害の諸分類2006年7月豪雨など／やや特殊な犠牲者（独居者）が出た2006年10月豪雨／避難中の犠牲者が多数生じた2009年8月佐用町豪雨／ゲリラ豪雨は防災上の脅威となるか／東日本大震災と防災課題

東日本大震災の教訓

村井俊治 著　A5判　210ページ　1800円（税別）2011年刊

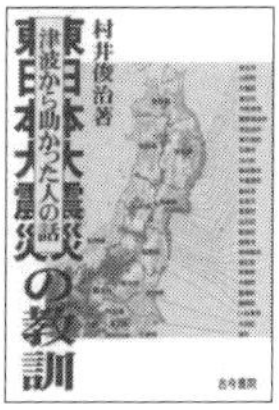

東日本大震災で、実際に津波にあって助かった人たちの話を11のグループに分類し、その実話から得られる教訓を引き出し、44の教訓にまとめた。さらにメモには事実解説を添えた。実話から引き出す教訓が、将来の人々の命を救う。著者は東京大学名誉教授・日本測量協会会長。重版第3刷。